KB020671

합동성의 미래

한국군 합동전문인력 육성정책의 혁신

합동성의 미래

한국군 합동전문인력 육성정책의 혁신

2022년 5월 15일 초판 1쇄 발행
2022년 7월 10일 초판 2쇄 발행

지은이 | 조한규
교정교열 | 정난진
펴낸이 | 이찬규
펴낸곳 | 북코리아
등록번호 | 제03-01240호
전화 | 02-704-7840
팩스 | 02-704-7848
이메일 | ibookorea@naver.com
홈페이지 | www.북코리아.kr
주소 | 13209 경기도 성남시 중원구 사기막골로 45번길 14
우림2차 A동 1007호
ISBN | 978-89-6324-876-9 (93390)

값 19,000원

합동성의 미래

한국군 합동전문인력 육성정책의 혁신

조한규 지음

북코리아

프롤로그

저자는 육군 보병소위로 임관하여 합동군사대학교 총장으로 전역하기까지 34년간 작전 파트에서 근무했다. 작전 파트의 주임무는 계획, 조직, 편성, 통합이다. 그러다 보니 "어떻게 하면 여러 복잡다양한 기능과 요소들을 효과적으로 조직 · 편성할 것인가?", **"어떻게 하면 좀 더 기민하고 효율적인 조직을 만들까?"** 하는 것이 평생의 화두(話頭)였다.

조직에 대한 고민은 장군이 되어 육 · 해 · 공군이 함께하는 합동부서에 근무하면서 '합동성'의 문제로 다가왔다. 합참 작전본부 연습훈련차장, 연합사/유엔사 작전처장, 합참 작전본부 작전부장, 합동군사대학교 총장 등의 직책을 수행하면서 **가장 고민했던 문제 중의 하나가 바로 '합동성' 문제**였다.

'합동성(jointness)'은 현대전에서 필수불가결한 요소다. 군대를 구성하는 군종(軍種), 병과, 직능이 더욱 전문화되고 발전할수록 합동성의 중요성은 더욱 부각되고 있다. 그래서 미국을 비롯한 군사강국들은 이구동성(異口同聲)으로 합동성을 강조하고, 군의 교리 및 개념, 구조 및 편성, 교육훈련 등에서 합동성이 발휘되도록 시스템화하는 데 주력하고 있다. 특히 육 · 해 · 공군 장교들이 **자군 이기주의에 매몰되지 않고 합동군으로서의 팀워크를 발휘할 수 있도록 합동교육 등 합동전문인력 육성에 지대한 정책적 노력을 경주**하고 있다.

대한민국도 거의 모든 정부에서 합동성을 강화하기 위해 노력해왔다. 이승만 정부는 육·해·공군 참모총장 위에 '국방참모총장' 직제를 법제화하기도 했고, 박정희 정부는 1963년 '합동참모대학'을 창설하여 이미 60여 년 전부터 합동전문인력을 체계적으로 육성하고자 했다. 노태우 정부는 「818 계획」을 통해 합동참모본부와 합참의장 직책을 법제화하고 합동전문군사교육 강화를 통해 합동성을 강화하고자 했으며, 노무현 정부는 「국방개혁법」을 제정하여 '합동전문직위'와 '합동특기' 제도를 통해 합동전문인력 육성을 위한 나름의 정책을 추진했다.

이명박 정부는 천안함 폭침 사건과 연평도 포격 사건의 교훈을 분석한 결과 그 근원에 합동성의 문제가 있음을 직시하고 합동성 강화를 위한 여러 개혁을 추진했다. 각 군 참모총장에게 작전권을 부여하되 합참의장의 통제하에 두고자 한 상부지휘구조 개편은 결국 야당과 해·공군의 반대로 실패했다. 또한 합동교육 강화를 위해 각 군 대학을 통합하여 '합동군사대학교'를 창설했으나, 문재인 정부는 국방부 장관의 지휘 폭 축소 등을 이유로 기존의 '합동군사대학교'를 해체하여 각 군 대학을 다시 분리하기로 했다. 대외적으로는 합동군사대학교가 그대로 유지되는 것처럼 보이도록 하기 위해 기존의 합동군사대학교 예하의 합동참모대학을 합동군사대학교로 **명칭만 바꾸면서 실제로는 10년 전의 과거로 회귀**해버린 것이다.

선진국들은 육·해·공군 교육기관을 통합하여 합동성을 강화하고 합동전문인력 육성에 매진하고 있는데, **대한민국은 왜 역사의 수레바퀴를 거꾸로 돌리는 것인가?** 기존의 합동군사교육 제도가 그렇게 문제가 많은가? 교육제도를 변경하기 전에 먼저 기존 교육제도를 진단하고 효과부터 평가해봐야 하는 것은 아닌가? 그리고 교육기관의 외적인 지휘체계를 변경하는 것보다 더 중요하고 절실한 개혁과제는 없는가? **더**

본질적인 측면에서 합동전문인력 육성정책은 어떠한가? 효과적으로 잘 이루어지고 있는가? 과연 정책효과를 달성하고 있는가? 합동전문인력 육성정책의 효과가 저조하다면 도대체 어디에 문제가 있는 것일까? 그리고 **그 문제의 근본적인 원인은 무엇일까? 왜 국방 곳곳에서 합동성이 표류하는 것일까? 합동성을 강화하기 위해 무엇부터 어떻게 개혁해야 할 것인가?**

이러한 문제인식하에 **이 책은 한국군 합동성의 미래를 좌우할 합동전문인력 육성정책의 효과를 분석하고, 정책효과가 저조한 원인을 규명하여 현실적인 정책대안을 제시하는 데 초점**을 맞추었다. 이는 저자의 박사학위 청구논문 『한국군의 합동전문인력 육성과 정책효과에 관한 연구: 교육과 인사관리 간의 비연계성(Decoupling)을 중심으로』를 기반으로 한 것임을 밝힌다. 박사학위논문에서는 국방 교육정책과 국방 인사정책 문제를 주로 다루었다면, **이 책에서는 그 뿌리에 자리 잡고 있는 '합동성'의 본질적 문제를 추가**했다. **즉 정치 논리에 의한 합동성 개념의 형성 배경과 그 개념이 과연 무엇이 문제이고, 그로 인해 각 군 중심주의에 어떠한 영향을 미쳤는지, 국방개혁과 합동성 강화정책이 곳곳에서 어떻게 표류하게 되었는지, 그리고 합동성을 강화하기 위한 개혁의 방향은 어떠해야 하는지에 대해 집중**했다.

아무쪼록 부족하나마 이 책을 통해 합동성과 합동 전문가 육성에 대한 학문적·국가적 관심이 높아지기를 바란다. 그리하여 **대한민국 정부와 한국군이 합동성의 방향을 바로잡고 실효성 있는 국방개혁을 추진하는 데 작으나마 보탬**이 되기를 기대한다.

끝으로 이 책을 흔쾌히 출판해주신 북코리아 이찬규 대표님께 감사드리며, 이 자리를 빌려 양가 부모님과 스승님, 동기생과 친구들, 군의 선후배님들, 합동군사대학교 교직원과 충심을 다해준 전우들, 성원

해주신 모든 분께 감사드린다. 군인 가족의 애환을 감내하며 헌신적으로 내조해준 사랑하는 아내 안재연과 자랑스러운 두 아들 인혁, 인욱에게도 사랑과 감사의 마음을 전한다.

조국을 위해 이름 없이 산화하신 호국영령(護國英靈)과 지금 이 순간에도 이순신 장군을 생각하며 외로운 무인(武人)의 길을 묵묵히 걸어가고 있을 사랑하는 육·해·공군 후배 장교들에게 삼가 이 책을 바친다.

2022년 3월

세종연구실에서

조한규

목차

제3장 미국과 영국의 합동전문인력 육성정책 / 57

제4장 한국군의 합동전문인력 육성정책 (1948~2019) / 105

제6장 합동전문인력 육성정책의 효과 제고를 위한 정책대안 / 213

제7장 결론 / 237

표 목차

그림 목차

제1장

합동성의 미래

제1절 연구 배경, 목적

'합동성(jointness)'은 현대전에서 필수불가결한 요소다. 과학기술과 무기체계의 발달로 전쟁을 수행하는 군대는 갈수록 전문화되고 있다. 군대를 구성하는 육·해·공군 등의 군종(軍種)과 각 군종 내의 수많은 병과(兵科), 그리고 다양한 직능(또는 특기)이 더욱 전문화되는 추세다. 전문화된다는 것은 그만큼 복잡해짐을 의미한다. '전문화·복잡화에 따라 다양한 군종과 제반 작전요소를 어떻게 효율적으로 통합 운용하여 시너지효과(synergy effects)를 극대화할 것인가?' 하는 합동성의 중요성은 더욱 절실해지고 있다. 그래서 대부분의 군사 선진국들은 일찍부터 합동성을 강조해왔고, **군의 교리 및 개념, 구조 및 편성, 교육훈련 등에서 합동성 발휘가 보장되도록 시스템화하는 데 주력**해왔다.[1]

특히 육·해·공군 장교들의 보수교육 간 각 군 중심주의에 매몰되지 않고 타군을 잘 이해하여 합동군으로서의 팀워크를 발휘할 수 있도록 합동교육에 많은 관심을 기울이고 있다. 그리고 합참 등 합동직위에

---

1 예를 들어, 군구조 면에서 러시아, 중국, 북한 등의 대륙 국가 및 공산권 국가들과 이스라엘, 터키, 사우디아라비아, 이라크, UAE, 쿠웨이트, 폴란드, 스위스, 대만 등 전쟁 위협국가들은 대부분 '단일군제' 또는 '통합군제'를 채택하고 있으며, 미국은 '합동군제와 통합군제를 결합한 방식'을, 영국, 독일 등은 통합군에 가까운 '강화된 합동군제'를 채택하고 있다. 군제에 대한 내용은 김국헌, "군 구조의 기본에 대한 이해〈상〉" https://www.konas.net/article/article.asp?idx=25037(검색일: 2022. 2. 5.) 참조.

는 합동성과 전문성이 더 우수한 장교들을 보직하기 위해 선발된 일부 장교들을 대상으로 별도의 전문화된 합동전문교육과정을 운영하고 있다. 또한 배출된 합동전문인력을 적재적소에 보직하는 등 인사관리를 효과적으로 함으로써 **이들에 의해 군의 합동성이 견인되고 강화될 수 있도록 합동전문인력 육성에도 지대한 정책적·제도적 노력을 경주**하고 있다.

대한민국도 역대 정부마다 합동교육과 합동전문인력 육성에 많은 관심을 기울여왔다. 박정희 정부가 1963년 최초로 '합동참모대학'을 설립한 이래 노태우 정부는 1990년 군 구조 개편과 연계하여 이를 합동전문가 육성을 위한 1년 과정의 '국방참모대학'으로 발전시켰다.[2] 노무현 정부는 **2006년 「국방개혁에 관한 법률」을 제정**하여 합동성을 구현하기 위한 합동전문인력의 인사관리를 법제화했다.[3] 그 핵심은 합참 및 연합·합동부대의 장교 직위 중에서 합동성과 전문성이 요구되는 직위를 '합동직위'로 지정하고, 이에 필요한 요건을 갖춘 장교에게 '합동특기' 등 전문자격을 부여하며, 이런 자격을 갖춘 장교가 합동참모본부 및 연합·합동부대의 '합동직위'에 보직되도록 하는 것이었다.[4]

2010년 3월 26일 북한의 천안함 폭침 사건과 그해 11월 23일 연이어 발생한 연평도 포격도발 사건을 계기로 이명박 정부는 '국방선진화위원회'와 '국가안보총괄점검회의'를 가동하여 기존 국방태세의 미비점을 진단하고 보완 방향을 제시토록 했다. **그 결과 핵심요인으로 지목된 것이 '합동성의 미흡'이었으며, 그 후속조치 중의 하나로 제시된**

---

2 국방연구소, 『국방정책변천사 1945~1994』(서울: 국방군사연구소, 1995), 120쪽.

3 국방부, 『2006 국방백서』(서울: 국방부, 2006), 35쪽.

4 「국방개혁에 관한 법률」(시행 2007. 3. 29. 법률 제8097호), 제3조 제6항, 제19조 제1~3항.

것이 기존의 육·해·공군 대학과 '합동참모대학'[5]**을 통합하여 '합동군사대학교'를 창설하는 것**이었다.[6] 이는 영관장교 교육기관부터 통합함으로써 합동성과 전문성을 갖춘 합동전문인력을 체계적으로 육성하기 위한 조치였다.

합동군사대학교는 2011년 12월 1일 창설된 이래 2020년 현재에 이르기까지 약 10년 동안 합동성과 전문성을 겸비한 군사전문가 육성을 위해 운영되어왔다. 합동군사대학교 교육과정은 크게 소령급 장교들을 대상으로 한 '합동기본과정'과 일부 중령급 장교들을 대상으로 한 '합동고급과정'으로 구분되는데, 이 중 **합동고급과정은 매년 육·해·공군 중령급 장교 중에서 약 120명을 선발하여 1년간의 교육을 통해 합동성과 전문성을 구비한 합동전문인력을 배출하는 전문교육과정**이다.

이처럼 지난 몇십 년간 역대 정부는 합동전문인력을 육성하기 위해 많은 예산과 노력을 투입해왔다. 특히, 1990년 1년 과정인 국방참모대학으로 개편한 이래 지난 30여 년간 합동성을 강화하고 합동전문인력을 체계적으로 육성하기 위해 합동전문교육에 많은 노력을 경주해왔을 뿐만 아니라 인사관리를 효과적으로 하기 위해 2006년 「국방개혁법」까지 제정하고 10년 이상 관련 국방정책을 추진해오고 있다.

그런데 **문재인 정부 들어 「국방개혁 2.0」의 일환으로 기존의 합동군사대학교를 해체하고 각 군 대학을 각 군으로 전환하면서 합동참모**

5 '합동참모대학'은 최초 1963년 창설된 이래 1990년 '국방참모대학'으로 개편되었고, 2000년부터는 다시 '합동참모대학'으로 개편되었다. 과정 명칭과 지휘관계는 바뀌었지만 합동전문인력 육성을 위한 전문교육과정으로서 지속해서 발전해왔다. 세부 내용은 제4장 제1절 '합동전문인력 육성정책 방향' 참조.

6 김태효, 「국방개혁 307계획: 지향점과 도전요인」, 『한국정치외교사논총』 34(2), 2013, 362-366쪽.

대학을 합동군사대학교로 명칭만 변경하려 하고 있다.[7] 선진국들이 합동성과 합동군사교육을 강화하고 합동군사교육기관을 통합하는 추세이고, 그래서 대한민국도 10년 전에 교육제도를 바꾸었는데, 또다시 과거로 회귀하려는 것이다. 그 이유가 "합동성 강화를 위해서"[8]라든가, "국방부 장관의 지휘·감독의 폭을 줄이고 각 군의 군정권(軍政權)을 강화하기 위해서"[9]라고 하지만, 사실상 각 군 참모총장의 각 군 대학에 대한 교육 지도·감독 권한은 이미 법으로 보장[10]되어 있기 때문에 이는 설득력이 없다.

기존 합동군사교육제도가 그렇게 문제가 많은가? 이렇게 서둘러 과거로 회귀해야 할 만큼 절실한 정책과제인가? 합동군사교육제도를 변경하기 전에 먼저 기존의 합동군사교육제도와 정책의 효과성부터 평가해보아야 하는 것은 아닌가? 그리고 합동군사교육제도와 정책에 이보다 더 중요하고 절실한 정책과제는 없는가? **더 본질적인 측면에서 합동전문인력 육성정책은 어떠한가?** 합동전문인력 육성을 위한 관련 정책과 제도는 잘 이루어지고 있는가? 과연 정책효과를 달성하고 있는가? **합동전문인력 육성정책의 효과가 저조하다면 도대체 어디에 문제**

---

7 합동성 강화 및 조직 효율화를 위해 과다한 국직부대를 해체하여 각 군으로 전환하거나 지휘관계를 조정한다는 정책 방향은 2018년 7월 27일 발표한 문재인 정부의 「국방개혁 2.0」에 처음 포함되었다. 초기에는 "합동대를 해체하고, 각 군 대학은 각 군으로 전환"하는 방침이었으나, 정치적 비판을 우려하여 "각 군 대학을 각 군으로 전환하고, (합동대는 해체하되) 합참대를 합동대로 변경"하는 방침으로 변경되었으며, 2020년 12월 1일을 목표로 개편을 추진 중이다. 국방부, "국직부대 개편방향 통보"(2019. 8. 20), 6쪽.

8 김윤태, "국방개혁 2.0의 현황과 성과" http://www.kida.re.kr/cmm/viewBoardImageFile.do?idx=28187(검색일: 2022. 2. 6)

9 국방부, "문재인 정부의 「국방개혁 2.0」 평화와 번영의 대한민국을 책임지는 '강한 군대', '책임 국방' 구현"(국방부 보도자료, 2018. 7. 26), 6쪽.

10 「합동군사대학교령」(2016. 1. 1. 대통령령 제26771호), 제7조 제2항.

가 있는 것인가? 그리고 그 문제의 근본적인 원인은 무엇인가? **왜 국방 곳곳에서 합동성이 표류하는 것이며, 합동성을 강화하기 위해 무엇부터 어떻게 개혁해야 할 것인가?**

이러한 문제인식하에 본 연구는 **한국군의 합동성과 합동전문인력 육성정책을 고찰하여 정책효과를 분석하고, 정책효과 저조 요인을 규명하여 정책대안을 모색하는 것을 연구목적**으로 설정했다. 즉, 합동군사대학교 합동참모대학 합동고급과정이 합동전문인력 육성을 위한 전문교육과정으로서 과연 적합한지 그 적합성을 평가하고, 합동전문인력 육성정책의 결과가 정책목표를 어느 정도 달성하는지 정책효과를 분석·평가하며, 한국군의 합동전문인력 육성과 관련된 법률과 국방교육정책, 합동군사교육체계, 인사관리정책 등 제반 정책을 종합적으로 분석하여 정책효과가 저조한 이유와 저조 요인의 근본 원인을 규명함으로써 실효성 있는 정책대안을 제시하는 데 연구목적을 두었다.

본 연구는 합동전문인력 육성이라는 주제에 대해 기존의 교육학이나 경영학 또는 인사제도의 관점이 아닌 정책학적 관점에서 접근했다는 데 의의가 있다. 역사적·법적 검토, 미국·영국과 비교, 설문조사 등 다각적인 실증분석을 통해 정책효과에 대한 계량화된 객관적 평가를 시도했다는 데도 의의가 있다. 합동성 개념의 인식 차이에 대한 연구도 기존의 연구와는 다른 새로운 시각에서 접근했다는 데 의의가 있다. 이를 통해 지난 몇십 년간 역대 정부에서 추진해온 합동전문인력 육성정책이 어디쯤 가고 있는지, 무엇이 문제인지를 정확히 진단하는 것은 한국군의 합동교육과 인재육성 발전에 기여할 수 있을 뿐만 아니라 육·해·공군의 합동성을 강화하는 데도 도움이 될 것이다. 또한 합동전문인력 육성정책의 효과가 저조한 원인을 규명함에 있어 인사정책의 측면뿐만 아니라 교육정책의 측면을 포함하여 종합적·거시적 관점에서 접근함으로써 좀 더 현실적이고 실효성 있는 정책 대안을 제시한 것도 보람으로 생각한다.

본 연구를 통해 **합동성과 합동전문인력에 대한 국가적 관심과 본격적인 연구가 더욱 활발하게 이루어질 것으로 기대**한다. 또한 대한민국 정부와 한국군이 국방개혁의 방향을 바로잡고 실효성 있는 합동전문인력 육성정책을 마련하는 데도 기여할 수 있을 것이다. 그럼으로써 장차 한반도를 둘러싼 안보 상황을 주도적으로 관리할 수 있는 인재 육성은 물론, 국방정책 발전에도 기여할 수 있을 것으로 기대한다.

제2절 연구 방법, 범위, 구성

연구 방법은 문헌연구와 전문가 인터뷰, 설문에 기반한 실증분석 방법을 적용했다. 문헌연구는 합동전문인력 육성과 관련된 1차 자료인 각종 법률 · 대통령령 · 훈령, 각 군 본부 규정 · 지시 · 방침, 그리고 합동군사대학교와 합동참모대학 학칙 · 교육계획 등을 주로 분석했다. 특히 관련 법률과 훈령은 제정 시부터 개정되면서 변화되는 과정과 내용에 주목했으며, 관련 법률과 훈령 등에서 교육과 인사관리의 연계성, 상급 법률과 하위 규정의 연계성 등 상하좌우의 연계성에 초점을 맞추었다.

그러나 한국군의 합동전문인력 육성정책 관련 연구 자료는 매우 부족한 실정이다. 또한 외국의 군사교육기관이나 일부 군사교육과정에 대한 단편적인 소개 자료는 있으나 오래된 자료가 많고, 깊이 있는 자료도 부족한 실정이다. 그래서 자료가 부족한 부분은 국내외 관련 기관들을 직접 방문하거나 국내외 전문가 인터뷰로 보완하고, 기존 자료의 정확성 및 타당성을 검증했다.

전문가 인터뷰는 2018년 1월부터 2019년 11월까지 국외교육 수료 장교, 대한민국에 파견된 외국군 수탁(受託)장교 및 교환교관, 관련 국가 무관들과 해당국 군사교육기관에 파견된 연락장교, 대내외 교육 및 국방 전문가, 국방부 · 합참 · 각 군 본부 · 교육사 교육정책 관계관, 현직 및 전직 교관 · 교수 등을 대상으로 실시했다.

또한 미국, 이탈리아, 터키, 이스라엘을 방문하여 군사교육기관 관계자들과 인터뷰했다. 미국 국방대학교와 합동참모대학, 육군지휘참모대학 등을 방문했으며, 이탈리아 국방고등연구센터와 합동참모대학, 터키 국방대학교와 합동참모대학, 이스라엘 국방대학과 지휘참모대학 등을 방문하여 관계관과 면담 및 인터뷰 등을 통해 자료의 객관성과 신뢰성을 높이고자 노력했다. 설문조사는 합동군사대학교 합동고급과정이 합동전문교육과정으로서 적합한지를 검증하기 위해 실시했다.

연구범위는 합동전문인력 육성과 관련된 국방정책, 즉 국방 교육 및 인사관리 정책으로 한정하고, 합동군사대학교 개편 문제는 배제했다. 또한 합동군사교육 정책에서 계급별 양성 및 보수교육과 관련된 합동군사교육체계, 합동참모대학 등 교육기관 및 과정에 대한 교과체계 및 교육 방법 등은 필수적인 내용 위주로 한정했다. 주요 분석대상인 합동전문인력 육성과 관련된 국방 교육 및 인사관리 정책의 범위는 최상위 정책이라고 할 수 있는 「국방개혁법」과 「군 인사법」, 「국군 조직법」, 「합동군사대학교령」, 「국방기본정책서」, 「국방교육훈련정책서」부터 「국방 교육훈련 훈령」, 「국방 인사관리 훈령」, 국방부·합참·각 군 본부의 교육 및 인사 관련 규정, 「합동군사대학교 학칙」 및 각종 교육계획 등으로 한정했다.

외국 사례연구의 경우 탐색연구 단계에서는 10여 개국을 대상으로 했고, 이 중 가장 대표적인 미국과 영국을 집중적으로 연구했다. 왜냐하면 미국과 영국은 전·현세기 세계를 제패한 군사 강국이면서 합동인력육성정책의 선진 국가이기 때문이다. 또한 미국과 영국은 한국군의 국방정책과 군사제도 발전에 많은 영향을 주었을 뿐만 아니라 합동인력육성정책 형성과 발전에도 가장 큰 영향을 미친 국가들이다. 그러면서도 합동성과 합동전문인력 육성정책 면에서 미국과 영국은 비슷하면서 차이가 나는 부분이 명확하기 때문에 더욱 합리적이고 균형 잡힌 시사점을 도출할 수 있기 때문이다.

시간적으로는 한국군의 합동전문인력 육성정책의 출발과 발전과정을 추적하기 위해 기본적으로 1948년 8월부터 2020년 5월까지로 설정했다. 다만 합동전문교육과정의 교육 내용과 방법과 관련해서는 가장 최신 자료인 2017년 1월부터 2020년 1월까지의 자료를 활용했다. 또한 합동고급과정 졸업 후 합동부서의 보직률은 2013년부터 2018년까지 6개년의 졸업자를 대상으로 분석했다.

책 구성은 서론을 포함하여 모두 7개 장(章)**으로 구성**했다. 제1장 서론에 이어 제2장에서는 이론적 고찰로서 제1절 합동성과 합동전문인력 육성에 대한 개념과 정책평가 관련 이론을 살펴보고, 제2절 선행연구 검토에서는 기존의 합동성 관련 연구, 군사교육 및 합동군사교육 관련 연구, 군 전문인력 및 합동전문인력 관련 연구들을 고찰한 다음, 제3절에서 연구 문제를 설정하고 연구 설계를 제시했다. 제3장에서는 미국과 영국의 합동전문인력 육성정책을 살펴보고, 합동성과 합동전문인력 육성에 대한 국가적 관심, 합동전문인력 육성을 위한 국방교육체계, 합동전문인력 육성을 위한 전문군사교육과정의 교육목표, 중점, 내용과 방법 등 교육체계와 이 과정 졸업자에 대한 전문자격 부여, 보직, 진급 등 인사관리 시스템과 정책효과를 차례로 살펴봄으로써 시사점을 도출했다.

제4장에서는 한국군의 합동전문인력 육성정책의 발전과정과 현황, 그리고 정책효과를 분석했다. 특히 제4절에서 합동군사대학교 합동고급과정이 합동전문교육과정으로서 적합한지 여부를 종합적으로 분석 · 평가했다. 즉, 합동고급과정의 교육기관 설립목적, 교육기간, 교육대상, 교육목표, 교육중점 등을 미국과 영국의 합동전문교육과정과 비

교하여 적합성을 평가하고, 추가로 합동고급과정에 대한 인식조사 결과 분석을 통해 합동고급과정이 합동전문인력 육성을 위한 전문교육과정으로서의 적합성을 다시 한번 평가했다. 그리고 합동직위에 합동전문자격자의 보직률, 합동고급과정 졸업 후 합동부서 보직률, 합동고급과정 졸업생의 진급률을 분석함으로써 합동전문인력 육성정책의 효과를 분석했다.

제5장은 이 책의 가장 핵심적인 부분으로 한국군의 합동전문인력 육성정책의 효과가 저조한 원인과 근본적인 영향요인이 무엇인지 규명하는 데 초점을 맞추었다. 먼저 제1절에서 국방 인사정책을 고찰했다. 즉, 합동전문자격제도, 전문인력 분류기준, 합동고급과정 입교대상자 선정 문제를 검토하여 무엇이 문제이고 그 영향요인이 무엇인지 분석했다. 제2절에서는 국방 교육정책을 거시적 관점에서 살펴보았다. 각종 정책서와 훈령 등 교육정책문서에 관련 내용이 어떻게 기술되어 있으며, 무엇이 문제인지, 내용의 방향성, 구체성, 연계성 등을 분석했다. 제3절에서는 정책의 비연계성(decoupling) 문제를 분석했다. 제4절에서는 국방부 정책실과 인사복지실, 합참, 각 군 본부가 합동전문인력 육성에 대해 왜 본질적인 이해와 관심이 부족한지를 분석했다. 즉, 뿌리 깊게 자리 잡은 합동성에 대한 정권의 정치적 접근과 이로 인한 각 군 중심주의로 곳곳에서 합동성이 표류하는 문제를 지적했다. 그리고 **제6절에서 합동전문인력 육성정책 효과를 제고하기 위한 정책 대안을 제시한 다음, 마지막 제7장 결론 순으로 기술**했다.

제2장

이론적 고찰

제1절 합동성과 합동전문인력 육성

1. 합동성

현대전에서 합동성(合同性, jointness)**이 얼마나 중요한지**는 이론(異論)의 여지가 없다. 과학기술의 발전으로 전쟁공간이 다차원의 영역으로 확장되면서 군 구조는 물론 전쟁 수행 개념과 방식도 나날이 복잡화·전문화되고 있기 때문이다.

2016년 6월 한국의 합동참모본부 주최로 열린 '2016 합동성 강화 대토론회' 기조연설에서 빈센트 브룩스(Vincent Keith Brooks) 한미연합군사령관은 합동성을 강화하는 것이 왜 중요한지를 19세기 말 미국-스페인 전쟁과 제2차 세계대전 당시 남태평양에서 미 육군과 해군이 합동작전을 통해 스페인군 및 일본군과 싸운 구체적인 사례를 들어 다음과 같이 설명하고 있다.

> **합동성에 기반한 작전은 적을 딜레마**에 빠뜨릴 수 있다. … **한국군도 군마다 문화, 계획, 전술 등이 다르지만, 필요할 경우 모든 부분을 상호보완적으로 통합할 수 있어야** 한다. … 합동성을 강화하는 경험과 지식을 계속 발전시켜나갈 절차와 계획이 필요하다. … 군 교육기관에서 토의할 때도 합동성을 기반으로 삼아야 하고 다양한 훈련을 통해 합동성을 연마해야 한다. … **한국군이**

합동성을 강화할수록 강한 전력으로 발전할 것이며, 한국 방어는 물론 국제 사회에서 한국의 국익을 보호하는 데도 합동성 강화가 중요하다.[1]

그러면 합동성이란 무엇인가? 먼저 '**합동**(合同, joint)'의 개념부터 살펴보면, 한국군 합동참모본부에서 발간한 『합동·연합작전 군사용어사전』에는 **"동일 국가의 2개 군 이상의 부대가 동일 목적으로 참가하는 각종 활동, 작전, 조직을 지칭하는 용어"**[2]로, 미 합동참모본부에서 발간한 『합동용어사전』에도 "2개 이상의 군이 공통의 목적으로 수행하는 활동, 작전, 조직"[3]으로 한국군과 거의 같은 개념으로 정의하고 있다.

또한 '합동개념(合同槪念, joint concept)'은 "합동작전부대 지휘관이 군사적·비군사적 모든 위협에 대응하기 위해 필요한 능력을 '어떻게 운용할 것인가?(How to fight)'를 제시한 기본적인 사고의 틀"[4]로 정의하고 있다. **'합동'이나 '합동개념' 모두 '가용 전력**(戰力)**의 효율적 운용'에 초점을 맞춘 개념**이다.

이러한 맥락에서 합동성(合同性, jointness)**은 "가용 전력의 효율적 통합 운용을 통한 시너지 효과"를 의미하는 개념**이다. 대한민국 『시사상식사전』은 합동성을 "군사력 통합으로 전투력의 시너지 효과를 높이는 성향"[5]으로 정의하고 있고, 미국의 『웹스터사전』에도 "the quality or

---

1 이영재, "브룩스 사령관 '北위협 대응해 육·해·공군 합동성 강화해야'", 『한국경제신문』(2016년 6월 16일)

2 합동참모본부, 『합동·연합작전 군사용어사전』(서울: 합동참모본부, 2014), 586쪽.

3 Joint Chiefs of Staff, The Joint Doctrine Encyclopedia (Washington D.C.: Department of Defense, 2002), p. 357.

4 합동참모본부, 앞의 책, 586쪽.

5 시사상식사전, https://terms.naver.com/entry.nhn?docId=929191&cid=43667&categoryId=43667(검색일: 2019. 11. 4)

state of being common to two or more persons",[6] 즉 "둘 또는 그 이상의 사람들에게 공통되는 질이나 상태"로 정의하고 있다. 해군작전의 전문가로서 베트남전과 걸프전에 1,000일 이상 참전했으며, 1994년부터 1996년까지 미국 합참차장을 역임한 윌리엄 오웬스(William A. Owens) 해군 중장은 합동성을 **"각 군별 장점을 배합하여 합동 전투력을 높이기 위한 것"**[7]으로 정의하고 있다. 공군작전의 전문가로서 걸프전 시 '사막 폭풍 작전' 공격 계획을 세우고 나중에 효과기반작전(EBO: Effect Based Operation) 교리를 정립하는 데 큰 역할을 한 미 공군 중장 데이비드 뎁툴라(David Deptula) 장군도 합동성을 **"전쟁에서 육해공 3군의 전력을 기계적으로 균등하게 사용하는 경직된 의미가 아닌, 주어진 상황에서 가장 효과적인 전력을 사용한다는 의미"**[8]로 정의하고 있다. 사전적으로나 합동성 개념을 정립한 미 해·공군 군사전문가 모두 합동성을 "가용 전력의 효율적 통합 운용을 통한 시너지 효과"라는 의미로 사용하고 있다. 즉, **'가용 전력의 효율적 운용' 측면에 초점**을 맞추고 있다.

그런데 2006년 노무현 정부가 「국방개혁법」에서 최초로 규정하고, 그 이후 합참에서 적용하고 있는 합동성의 개념은 이와는 다른 각도로 접근하고 있다. 합참에서 발행한 『합동개념서』에는 합동성을 **"첨단 과학기술이 동원되는 미래전쟁의 양상에 따라 총체적인 전투력의 상승효과를 극대화하기 위하여 육군·해군·공군의 전력을 효과적으로**

---

6 Merriam-Webster, https://www.merriam-webster.com/dictionary/jointness(검색일: 2022. 1. 14)

7 위키백과, https://ko.wikipedia.org/wiki/합동성(검색일: 2019. 11. 4)

8 David A. Deptula, Effects-Based Operations: Change in the Nature of Warfare (Aerospace Education Foundation: 2001), p. 23.

통합·발전시키는 것"[9]으로 정의함으로써 '가용 전력의 효율적 운용'보다는 '3군 전력의 통합·발전'에 초점을 맞추고 있다. 즉, '군사력 건설 측면'의 개념으로 정의하고 있다. 이는 2006년 노무현 정부에서 제정한 「국방개혁법」 제3조 6항에 명시된 정의와 동일하다.[10]

합동참모본부에서 발행한 『합동교범 0: 군사기본교리』와 『2021~2028 미래 합동작전기본개념서』에는 합동성을 **"전장에서 승리하기 위해 지상·해상·공중전력 등 모든 전력을 기능적으로 균형 있게 발전시키고, 이를 효율적으로 운용함으로써 상승효과를 달성할 수 있게 하는 능력 또는 특성"**[11]으로 정의하고 있다. 군사력 건설 측면에서 '3군 전력의 균형발전' 개념을 더욱 명확히 하면서 전력의 운용적 측면을 추가한 특성을 갖고 있다.

이렇듯 한국군에서 정립한 합동성의 개념은 미군과 사전에서 일반적으로 적용하고 있는 **가용 전력의 효율적 통합 또는 배합으로 합동전투력의 시너지 효과를 높이는 전력의 운용적 측면을 제외 또는 희석시키면서 '3군 전력의 균형발전'이라는 군사력 건설 개념 위주의 개념으로 정의**하고 있다.[12] 따라서 저자는 합동성의 본질에 충실하여 **합동성을 "육·해·공군 등 제반 요소를 효율적으로 통합 운용하여 시너지 효과**(synergy effects)**를 극대화하는 것"으로 정의하는 것이 타당**하다고 생각한다. '육·해·공군 전력'으로 표현하지 않은 이유는 현대전에서 3군 전력 외에도 합동작전에 필요한 사이버, 정보통신, 국가기관, 동맹군, 기타

---

9 합동참모본부, 『2012~2026년 합동개념서』(서울: 합동참모본부, 2010), 13쪽.

10 「국방개혁에 관한 법률」, 제3조 제6항.

11 합동참모본부, 『합동교범 0: 군사기본교리』(합동참모본부, 2014), 부록 13쪽; 합동참모본부, 『2021~2028 미래 합동작전기본개념서』(합동참모본부, 2014), 110쪽.

12 합동성의 다양한 시각과 관련해서는 김종하·김재엽, 「합동성에 입각한 한국군 전력증강 방향: 전문화와 시너지즘 시각의 대비를 중심으로」, 『국방연구』 54(3), 2011 내용 참조.

민간요소 등 제반 전력과 요소를 모두 포함할 수 있어야 하기 때문이다.

2. 합동전문인력

'전문(專門: professional)'의 사전적 정의는 "어떤 분야에 상당한 지식과 경험을 가지고 오직 그 분야만 연구하거나 맡음, 또는 그 분야"[13]로 **'전문인력**(專門人力: professionals)**'은 "어떤 분야에 상당한 지식과 경험을 가지고 오직 그 분야만 연구하는 인력"**[14]으로 정의할 수 있다.

새뮤얼 헌팅턴(Samuel P. Huntington)은 군 장교단 자체를 하나의 전문적인 직업(Professional, Professionalism)으로 규정했다. 전문적인 직업이란 의사나 변호사처럼 고도의 전문성을 갖는 집단을 말하는데, **전문직업을 직업의 특정유형으로 명확하게 특성 짓는 척도는 전문성**(Expertise)**과 책임성**(Responsibility), **단체성**(Corporateness)**이며, 장교의 전문직업인으로서의 전문성은 군종, 병과 및 기능별로 다양하나 공통적인 본질적 특징은 '무력의 관리'**다. 즉 군사력의 기능은 무력을 사용하여 전쟁에서 승리하는 것이며, **장교의 임무는 ① 부대의 편성, 장비 및 훈련, ② 군사활동의 계획, ③ 작전지휘에 있으므로 군 장교단의 핵심적인 전문성은 무력을 적용하는 인간조직을 효과적으로 지휘, 운용 및 통제**하는 데 있다는 것이다.[15]

---

13 표준국어사전, https://ko.dict.naver.com/#/search?query=%EC%A0%84%EB%AC%B8%EC%9D%B8%EB%A0%A5&range=all(검색일: 2019. 7. 12)

14 우리말샘, https://ko.dict.naver.com/#/search?query=%EC%A0%84%EB%AC%B8%EC%9D%B8%EB%A0%A5&range=all(검색일: 2019. 7. 12)

15 새뮤얼 헌팅턴, 허남성 외 공역, 『군인과 국가』(서울: 한국해양전략연구소, 2011), 8-20쪽.

그리고 돈 스나이더(Don Snider)는 '전문직업(profession)'에는 다음과 같은 네 가지 구성요소가 포함된다고 주장한다.

> ① 사회에 꼭 필요하지만 다른 누구도 대체할 수 없는 **핵심적인 서비스를 제공하고**, ② **축적된 전문적인 지식**을 포함하며, ③ **효율적이고 윤리적인 적용으로 사회의 신뢰**를 유지할 뿐만 아니라 ④ 그럼으로써 그의 술(術, art)과 전문성에 **상대적인 자율성이 부여**된다.[16]

그는 장교들이 전문군사교육(PME: Professional Military Education)을 통해 군사전문지식뿐만 아니라 올바른 가치관 등 윤리적 · 도덕적 요소까지 갖출 때 진정한 군 전문인력이 되는 것이라고 강조한다.[17]

한국군은 '군 전문인력'을 "전문분야 교육 및 근무를 통하여 전문지식과 경험을 갖춘 장교"[18] 또는 **"미래의 안보 환경과 전장 상황을 주도할 수 있는 군사전문지식과 기술을 갖춘 군사 전문요원"**[19]으로 정의하고 있다.[20]

그러나 「국방 인사관리 규정」에는 군 전문인력을 "주간 위탁교육으로 석사 이상의 학위과정을 이수했거나 「군인사법 시행규칙」 제17조

---

16 Thomas J, Statler, "A Profession of Arms? Conflicting Views and the Lack of Virtue Ethics in Professional Military Education," Joint Force Quarterly 94, (3rd Quarter 2019), p. 27.

17 Ibid., p. 27.

18 국방부, 「국방 전문인력 육성 및 관리지침」(국방부, 2002), 3쪽.

19 육군본부, 「육규116: 인재개발규정」(육군본부, 2018. 7. 16), 7쪽.

20 참고로 '전문교육'에 대해서는 "특수직위에 근무하거나 전문지식이 필요한 자에게 국내 · 외 전문교육기관 및 연구기관의 전문과정을 이수시켜 해당분야 군사전문가로 육성하기 위한 교육"으로 정의하고 있다. 「국방 교육훈련 훈령」(개정 2019. 4. 5. 국방부 훈령 제2270호), 제2조 제5항.

에 따른 직위[21]에 활용이 가능하다고 판단된 장교로서 국방부 장관 또는 각 군 참모총장으로부터 '국방전문인력'으로 임명된 사람"[22]으로 정의하고 있다. 여기서 '국방전문인력'의 직위는 크게 정책전문직위, 국제전문직위, 특수전문직위, 기술 · 기능전문직위, 획득전문직위로 구분된다.[23] '군 전문인력'의 개념을 '특정직위에 근무하고 있는 인원'으로 한정하고 있다.

'합동전문인력'에 대한 정의는 「국방개혁법」에서 도출할 수 있다. 제19조에는 **"국방부, 합참, 합동참모본부 및 연합 · 합동 부대에서 근무하는 장교의 직위**(합동직위)**에는 합동성 및 전문성 등 그 직위에 필요한 요건을 갖춘 장교가 보직되도록 해야** 한다"[24]라고 명시하고 있다.

따라서 저자는 '합동전문인력'을 "국방부, 합참, 합동참모본부 및 연합 · 합동 부대의 합동직위 근무에 필요한 합동성 및 전문성을 갖춘 영관급 장교"로 정의하고자 한다.

---

21 제17조는 전문인력 직위의 범위를 다음과 같이 명시하고 있다. "(1) 정책부서의 직위: 인사 · 조직 및 교육분야, 정책기획 · 군사전략 및 작전분야, 전력정책 및 소요기획 분야, 군수정책분야, 국방관리분석 분야. (2) 전산 및 연구개발 분야의 직위. (3) 정보, 기무, 시설, 통신기술 등 전문적인 기술 또는 기능이 요구되는 직위. 국방부, "군인사법 시행규칙", 『2019년 국방조직관련 법령집』(국방부, 2018), 857쪽.

22 「국방 인사관리 훈령」(개정 2020. 2. 17. 국방부 훈령 제2399호), 제47조 제1항.

23 위의 훈령, 제47조 제2항.

24 「국방개혁에 관한 법률」, 제19조 제1항.

3. 합동전문인력 육성

인사관리(Personnel Management) 개념은 범위에 따라 다양하다. "일하는 사람들이 각자의 능력을 최대로 발휘하여 좋은 성과를 거두도록 관리하는 일, 조직체가 보유한 인적자원의 효율적 이용을 위하여 수행하는 일련의 계획적 · 체계적 시책"[25]으로 정의하기도 하고, "조직목표가 달성될 수 있도록 인력의 확보로부터 이직까지의 과정을 계획 · 조직 · 지휘 · 조정 · 통제하는 관리과정"[26] 또는 "조직의 목표달성을 위한 인적자원의 확보 · 개발 · 보상 · 유지를 여러 환경적 조건과 관련하여 계획 · 조직 · 지휘 · 조정 · 통제 · 관리하는 체계를 의미하며, 통상적으로 채용 · 육성 · 배치 · 전환 · 성과관리 · 승진 · 급여 · 복리후생 등을 위한 일련의 정책 · 제도의 수립과 실행을 포함"[27]하는 개념으로 정의하기도 한다.

인적자원관리(Human Resources Management)**는 "조직이 구성원을 비용 중심이 아닌 자원이나 자산으로 여기고, 유능한 사람들을 채용하여 교육훈련 등을 통해 잠재능력과 자질을 향상시켜 조직의 경쟁력을 높이는 관리"**[28]를 말한다. 즉, 인적자원관리의 개념은 다음과 같다.

> 조직의 목표달성을 위해 미래 인적자원 수요 예측을 바탕으로 인적자원을 확보·개발·배치·평가하는 일련의 업무를 의미한다. 구성원들이 조직의 목적과 그들의 능력에 맞게 활용되고 그에 걸맞은 물리적·심리적 보상과 더불어 실

---

25 실무노동 용어사전, https://terms.naver.com/entry.nhn?docId=2210331&cid=51088&categoryId=51088(검색일: 2019. 7. 27)

26 양창삼, 『인적자원관리』(서울: 법문사, 1994), 17쪽.

27 HRD 용어사전, https://terms.naver.com/entry.nhn?docId=2178571&cid=51072&categoryId=51072(검색일: 2019. 7. 15)

28 박성환 외, 『역량중심 인적자원관리』(서울: 법문사, 2012), 32쪽.

질적으로 조직 구성원들의 발탁, 개발 그리고 활용 문제뿐만 아니라 구성원들의 조직과의 관계 및 능률을 다루기도 한다. 구체적으로는 HRP(Human Resource Planning: 인적자원계획), HRD(Human Resource Development: 인적자원개발), HRU(Human Resource Utilization: 인적자원활용)라는 세 가지 측면으로 성립되어 있지만, 채용·선발·배치부터 조직설계, 역량개발 등을 포괄하는 광범위한 활동에 있어 종래 인사관리의 틀을 넘어선 더욱 포괄적인 개념으로 주목받고 있다. 또한 현대의 인적자원관리는 구성원 존중과 조직발전이 조직의 목표달성과 동시에 이루어질 수 있도록 초점을 두고 접근하는 경향이 크게 대두되고 있다.[29]

인사관리가 구성원을 비용과 효율의 관점에서 바라보는 데서 출발했다면, 인적자원개발은 구성원을 자원 또는 자산의 관점에서 보고자 한다.

군에서 규정한 '군 인사관리'는 일반적인 인사관리 및 인적자원개발 개념과 비교해보면 매우 협의의 개념을 적용하고 있다. 즉 "개인의 능력을 군 조직을 위하여 최대한 발휘할 수 있도록 군인과 군무원의 병적관리, 교육 · 보직 · 진급 · 분리 등에 관한 업무를 계획 · 편성 · 지시 · 협조 · 감독하며, 포로와 민간인 억류자, 복귀자와 민간인을 관리하는 제반 활동"[30]으로 정의하고 있다. 일반적인 인사관리 개념에 포함되어 있는 인력획득 업무를 군에서는 '인력관리'로, 사기 · 복지 · 포상 등의 업무는 '인사근무'로 별도 구분하고 있다.

따라서 저자는 '전문인력 육성'을 "군 조직별로 필요한 전문인력

---

29 HRD 용어사전, https://terms.naver.com/entry.nhn?docId=2178590&cid=51072&categoryId=51072(검색일: 2019. 7. 19)

30 육군본부, 『야교 운용-6-21: 인사업무』(육본, 2016), 1-12쪽.

을 적시에 공급하기 위해 적절한 인원을 선발하여 적합한 전문교육을 하고, 자격을 갖춘 전문인력을 관련 부서에 보직함으로써 전문성을 더욱 개발하도록 하며, 우수 전문인력을 진급시켜 지속적으로 활용하는 등 전문인력을 체계적으로 선발 · 교육 · 보직 · 활용하는 것"으로 정의하고자 한다.

이렇게 볼 때 **'합동전문인력 육성'은 "합참, 연합 · 합동 부대의 합동부서 또는 합동직위 근무에 필요한 합동성 및 전문성을 갖춘 장교를 적시에 공급하기 위해 적절한 인원을 선발하여 적합한 합동전문교육을 하고, 관련 부서에 보직함으로써 전문성을 더욱 개발하도록 하며, 우수 합동전문인력을 진급시켜 지속적으로 활용하는 등 합동전문인력을 체계적으로 선발 · 교육 · 보직 · 활용하는 것"으로 정의**된다.

여기서 '합동전문군사교육'은 "합동부서 또는 합동직위 근무에 필요한 합동성 및 전문성을 갖춘 합동전문인력을 배출하기 위해 선발된 영관장교들을 대상으로 합동기획,[31] 합동 · 연합작전, 국방정책 등을 1년 정도 심도 깊게 교육하는 고급 또는 상급 수준의 군사교육"으로 정의하고자 한다.

4. 정책평가

일반적으로 '정책(政策, policy)'이란 "정부 또는 정치단체가 그들의 정치적 · 행정적 목적을 실현하기 위해 마련한 방책이나 방침"[32] 또는

---

31 합동기획은 합동전략기획, 합동전력기획, 합동작전기획으로 구분할 수 있다.

32 행정학 사전, https://terms.naver.com/entry.nhn?docId=77685&cid=42155&categoryId=42155(검색일: 2019. 7. 26)

"정부 · 단체 · 개인의 앞으로 나아갈 노선이나 취해야 할 방침"[33]으로 정의된다. **정책학적 관점에서의 '정책'은 "바람직한 사회상태를 이룩하려는 정책목표와 이를 달성하기 위해 필요한 정책수단에 대하여 권위 있는 정부기관이 공식적으로 결정한 기본방침"**[34]으로 정의할 수 있다.

정의에서 보듯이 정책목표는 정책을 통해 이룩하고자 하는 바람직한 상태로 미래성과 방향성을 갖는다. 그래서 정책목표는 정책의 존재이유가 된다. 또한 일반적으로 이러한 정책학적 관점에서의 정책에 관한 **'정책효과**(policy effect)**'란 정책목표가 달성되어 나타나는 결과**를 말한다.[35]

데이비드 이스턴(David Easton) 이후 정책을 정치체계(political system)의 산출물로 보는 견해가 일반적이다. 정치체계는 일종의 체계(system)이기 때문에 ① 체계를 구성하는 요소(element), ② 요소와 요소 간의 상호관계(interrelation), ③ 체계와 외부를 구별 짓는 경계(boundary)와 같은 속성을 갖는다.[36]

다음 〈그림 2-1〉과 같이 데이비드 이스턴의 체계이론(system theory)에 따르면, 모든 체계(system)는 환경과 상호작용한다. 환경(environment)으로부터 받아들이는 것을 '투입(input)', 환경으로 내보내는 것을 '산출(output)'이라 하며, 산출에 대한 환경의 반응을 점검하여 체계를 환경에 적응시키는 것을 '환류(feed back)'라고 한다.

정치체계는 환경으로부터 '요구'와 '지지'라는 두 가지 투입을 받

---

33 두산백과(doopedia), https://terms.naver.com/entry.nhn?docId=1140838&cid=40942&categoryId=31645(검색일: 2019. 7. 25)

34 정정길 외, 『정책학원론』(서울: 대명출판사, 2014), 35쪽.

35 위의 책, 38쪽.

36 위의 책, 75쪽.

〈그림 2-1〉 데이비드 이스턴의 체계이론

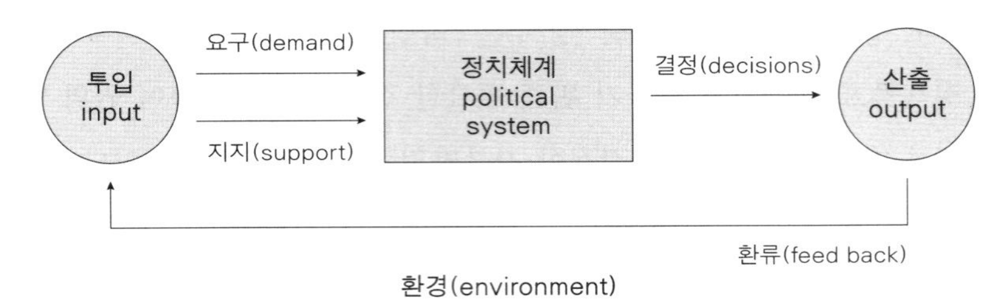

* 출처: Michael Hill, *The Policy Process in the Modern State*, Third Edition (Prentice Hall, 1997) p. 21.

아들이며 정치체계에 대한 환경의 요구는 사회문제 해결이라는 형태를 취하게 되는데, 이것이 바로 정책과정의 출발점이라는 것이다. 또한 정치체계가 환경의 요구에 대응하여 내보내는 것이 바로 정책이며, 정치체계 안에서의 정치활동은 정치체계에 대한 투입을 정책이라는 산출물로 변화시키는 역할을 담당하는데, 이러한 역할이 일어나는 과정을 '전환과정(conversion process)'이라고 불렀다.[37] 여기서 산출에 대한 환경의 반응을 점검하여 환류시키기 위한 활동이 '정책평가'다.

정책평가(policy evaluation)**란 "정책을 집행한 결과 그 정책에서 당초에 기대했던 효과를 어느 정도나 달성했는지를 분석하여 파악하는 일"**[38]이다. 정책평가는 목적에 따라 정책결과를 평가대상으로 하는 '총괄평가'와 집행과정을 평가대상으로 하는 '과정평가'로 구분되는데, 전통적으로 가장 일반적으로 사용되는 평가 방법이 총괄평가다. 총괄평가를 하는 데 있어 핵심은 정책목표의 달성 정도를 의미하는 정책의 효

---

37 위의 책, 76-78쪽.

38 『행정학 사전』(서울: 대영문화사, 2009), https://terms.naver.com/entry.nhn?docId=77718&cid=42155&categoryId=42155(검색일: 2019. 7. 27)

과성을 판단하는 것이다.[39]

따라서 본 연구에서는 정책평가의 핵심인 총괄평가의 관점에서 합동전문인력 육성정책이 정책목표를 얼마나 달성하고 있는지 정책효과 평가에 초점을 맞추었다.

---

39 정정길 외, 앞의 책, 619-638쪽.

제2절 선행연구 분석

1. 합동성 관련 연구

고든 너새니얼 레더만(Gordon Nathaniel Lederman)**은 『미 국방개혁의 역사: 합동성 강화**(Reorganizing the Joint Chiefs of Staff)**』**[40]에서 합동성을 강화하기 위한 미국의 국방개혁 역사를 연구했다. 관련 법안이 출현하게 된 배경과 출현과정에서의 갈등, 법안 내용 등을 분석함으로써 각 군 전력의 효율적 통합을 위한 조직과 권한의 분배, 제한된 국방예산으로 국방력을 건설하기 위한 제도와 절차 정립에 초점을 맞추었다는 데 의의가 있다.

합동성에 대한 국내 연구는 1996년 **권태영이 「미국의 21세기 군사혁신**(RMA/MTR) **추세」**를 보고하면서 소개[41]된 이래 2000년대 이라크전을 통해 본격화되었다.

문광건은 「합동성 이론과 실제」,[42] **「이라크전쟁에서 구현된 미군**

---

40 고든 레더만, 김동기·권영근 역, 『미 국방개혁의 역사: 합동성 강화』(서울: 연경문화사, 2007)

41 권태영, 「미국의 21세기 군사혁신(RMA/MTR) 추세」, 『주간국방논단』 제649호(서울: 한국국방연구원, 1996), 11쪽.

42 문광건, 「합동성 이론과 실제」, 『국방정책연구』 제54권(서울: 한국국방연구원, 2001), 207-240쪽.

의 합동성」,[43] **「미군의 합동작전과 합동성의 본질: 합동성의 본질과 군사개혁방향」**[44] 등 합동성에 대한 이론적 배경과 발전과정을 고찰했다. 그의 연구는 합동성 본래의 보편적 의미인 '가용 전투력의 효율적 운용'이라는 개념을 배제하고 '군사력 건설' 개념으로 정의를 시도함으로써 후속 연구에 많은 영향을 미쳤다.

하정열은 「미래전에 대비한 '합동성 강화' 추진」[45]에서 합동성 강화의 배경을 소개하고, 한국군 합참의 합동전투 발전체계 정립이 필요함을 제시했다.

김종하·김재엽은 「합동성에 입각한 한국군 전력증강 방향: 전문화와 시너지즘 시각의 대비를 중심으로」[46]에서 합동성의 개념적 시각 차이에 초점을 맞춘 연구를 했다. 다만 저자가 제시한 전투력 운용 측면과 군사력 건설 측면의 시각 차이는 아니고, 통합 또는 합동의 정도 차이에 따른 시각 차이를 분석했다. 즉, 임무 수행 시 가장 전문성을 가진 군이 주도하고 나머지 군들이 지원하는 '전문화'의 시각과 임무에 기초해 각 군의 장점을 혼합하여 작전을 수행하자는 '시너지즘' 시각을 기초로 한국군의 전력증강 방향을 제시했다는 데 의의가 있다.

김인태는 「한국군의 합동성 강화방안 연구」[47]에서 문헌연구를 통해 합동성에 대한 개념을 다각적으로 고찰하여 정립하고, 외부환경과

---

43 문광건, 「이라크전쟁에서 구현된 미군의 합동성」, 『국방정책연구』 제60권(서울: 한국국방연구원, 2003), 151-173쪽.

44 문광건, 「미군의 합동작전과 합동성의 본질: 합동성의 본질과 군사개혁방향」, 『군사논단』 제47권(서울: 한국군사학회, 2006), 45-71쪽.

45 하정열, 「미래전에 대비한 '합동성 강화' 추진」, 『군사평론』 통권 제389호(대전: 육군대학, 2007), 76-98쪽.

46 김종하·김재엽, 「합동성에 입각한 한국군 전력증강 방향: 전문화와 시너지즘 시각의 대비를 중심으로」, 『국방연구』 제54권 제3호(2011), 191-210쪽.

47 김인태, 『한국군의 합동성 강화 방안 연구』(경기대학교 박사학위논문, 2011)

국내적인 환경여건 평가를 통해 한국군의 합동성 강화 필요성과 한반도 전장환경에 부합한 합동성 강화방안을 도출하는 데 초점을 맞추었다. 이 논문은 2011년 당시 국방개혁의 주요 쟁점이 되었던 상부 지휘구조 문제를 합동성의 관점에서 연구한 것이 특징이다. 즉, 한국 역대 정부의 군 상부 지휘구조 개편 추진과 2011년 국방개혁 추진경과 등 합동성 실태를 분석하고 한반도 전장환경과 전쟁 양상에 부합한 효율적인 상부 지휘구조 개선방향 등 합동성 강화방안을 제시했다. 여기서 합동교육 강화방안도 일부 제시했지만, 계급별 보수교육체계 재검토, 각 군 대학과 합동참모대학을 통합한 합동군사대학교 창설 필요성 등에 국한되었다.

권영근은 『한국군 국방개혁의 변화와 지속』[48]에서 육군 중심의 한국군 문제를 한미동맹과 국방개혁을 중심으로 다뤘다. 그는 육군 중심의 군구조를 기형적인 것으로 규정하고 노태우·이명박 정부의 국방개혁을 육군을 강화하는 '통합형 개혁'으로, 노무현 정부의 국방개혁을 '합동 절충형 개혁'으로 평가했다. 여기서 그는 합동성의 개념에 대한 각 군 인식의 차이를 설명하면서 육군이 말하는 합동성과 해·공군이 말하는 합동성의 의미가 서로 다른데, 그 이유는 육군이 일반적으로 임무 수행 과정에서 공군과 해군에 의존해야 하므로 조직통합을 선호하는 반면, 해군과 공군은 효율통합이라는 의미의 합동성을 선호하고 있다고 분석했다.

황선남은 「육·해·공군의 합동성 강화를 위한 '통합' 개념의 발전적 논의에 관한 연구」[49]에서 '합동성'과 '통합'의 개념을 고찰함으로써

---

48 권영근, 『한국군 국방개혁의 변화와 지속』(연경문화사, 2013)

49 황선남, 「육·해·공군의 합동성 강화를 위한 '통합' 개념의 발전적 논의에 관한 연구」, 『사회과학연구』 24호(대전: 한남대학교 사회과학연구소, 2015), 5-24쪽.

합동성의 개념에 대한 교리적 인식과 실천적 인식의 차이점을 분석하고, 합동성 강화를 위한 바람직한 '통합' 개념을 제시했다. 각 군의 입장에서 합동성의 개념을 이해하는 데 차이가 있으며, 그 원인은 합동성의 핵심요소인 '전투력의 상승효과'와 (각 군 전력의 효과적인) '통합'이라는 개념 중 '통합' 개념에 대한 인식의 차이 때문이라는 것이다. 즉 통합 개념을 육군은 '조직통합'을 의미하는 'unification'을 선호하는 데 반해, 해·공군은 '기능통합'을 의미하는 'integration'을 선호한다는 것이다. 그러면서 합동성 강화를 위해서는 효율통합의 기능적 통합을 의미하는 'integration'을 지향해야 함을 제시했다.

이처럼 합동성 관련 국내 연구는 2000년대를 전후해서 미군의 사례 소개와 합동성의 개념, 배경, 중요성 등을 위주로 연구되다가 2000년대 중반부터는 국방개혁과 관련하여 군구조 또는 상부 지휘구조와 관련된 연구와 전력증강 또는 소요기획체계 관련 연구가 많았으며, **합동성 개념에 대한 인식 차이와 관련해서도 저자가 제기하는 '전투력 운용' 측면과 '군사력 건설' 측면의 시각 차이에 대한 연구는 거의 없었다.**

2. 군사교육 및 합동군사교육 관련 연구

군사교육에 관한 교육학적 관점 또는 인적자원개발 관점의 연구는 비교적 많이 있다. 먼저 이론적인 차원의 연구로는 군사학 학문체계 연구위원회의 『군사학 학문체계와 교육체계 연구』,[50] 최규린·조용개·정

50 군사학 학문체계 연구위원회, 『군사학 학문체계와 교육체계 연구』(육군사관학교 화랑대연구소, 2000)

병삼의 『군 교육훈련 관리자를 위한 교수/학습의 이해』,[51] 고성진·박효선·최손환의 『군사교육학의 이론과 실제』,[52] 박효선의 『한국군의 인적자원 개발』[53] 등이 있다.

군 교육훈련 관련 연구로는 최병욱의 『군 교육훈련 체제의 모형에 관한 탐색적 연구』,[54] 김인국의 『육군 영관장교 교육과정 내용선정 및 타당화에 관한 연구』[55]와 『미래 국방 환경에 부합된 국방 교육훈련 발전방향 연구』,[56] 박효선의 『한국군의 평생교육 변천과정에 관한 평가분석 연구』,[57] 김원대의 『창군기 한국군 교육훈련 구조 형성에 관한 연구』,[58] 김군기의 『군 고급간부 학교교육의 유효성 분석 및 과정설계에 관한 실증연구』,[59] 성형권의 「초급장교 양성교육제도의 효율적 운영에 관한 연구」,[60] 채성기의 『군사대학 교수자의 교수역량 진단도구 개발

---

51 최규린·조용개·정병삼, 『군 교육훈련 관리자를 위한 교수/학습의 이해』(서울: 양서각, 2013)

52 고성진·박효선·최손환, 『군사교육학의 이론과 실제』(성남: 북코리아, 2014)

53 박효선, 『한국군의 인적자원 개발』(서울: 학이시습, 2014)

54 최병욱, 『군 교육훈련 체제의 모형에 관한 탐색적 연구』(서울대학교 박사학위논문, 2002)

55 김인국, 『육군 영관장교 교육과정 내용선정 및 타당화에 관한 연구』(연세대학교 박사학위논문, 2006)

56 김인국, 『미래 국방 환경에 부합된 국방 교육훈련 발전방향 연구』(서울: 한국국방연구원, 2007)

57 박효선, 『한국군의 평생교육 변천과정에 관한 평가분석 연구』(중앙대학교 박사학위논문, 2008)

58 김원대, 『창군기 한국군 교육훈련 구조 형성에 관한 연구』(중앙대학교 박사학위논문, 2010)

59 김군기, 『군 고급간부 학교교육의 유효성 분석 및 과정설계에 관한 실증연구』(대전대학교 박사학위논문, 2016)

60 성형권, 『초급장교 양성교육제도의 효율적 운영에 관한 연구』(충남대학교 박사학위논문, 2018)

및 요구도 분석』[61] 등 다수의 박사학위논문이 발표되었다.

반면 합동군사교육 관련 연구는 상대적으로 미흡한 실정이다. **김인국은 「합동성 제고를 위한 국방교육체계 발전방향 연구」**[62]에서 미군의 합동성 사례연구를 통해 시사점을 도출하고, 한국군의 합동전문군사교육의 문제점 분석을 통해 합동성 강화를 위한 교육 개선 방향을 제시했다. 특히 합동성 향상을 위해 장교에게 요구되는 핵심역량 및 교육소요 도출 등을 제시했다는 데 의의가 있다.

문승하는 「합동성 강화를 위한 합동군사교육체계 발전방향」[63]에서 합동군사대학교의 합동교육을 분석하여 과정별 합동교육이 더욱 강화되어야 하며, 모든 계급의 양성 및 보수교육 과정별 합동교육도 강화되어야 함을 제안했다.

전광호는 「외국군 사례를 통한 합동군사교육체계 발전방안」[64]에서 외국군의 사례를 분석하고 합동성을 강화하기 위해서는 양성과정으로부터 장군과정까지 단계별 통합된 합동군사교육체계 정립의 필요성을 강조했다.

노명화는 「각 군 생애주기별 군사교육과 연계한 합동교육체계 평가 연구」[65]에서 합동성과 관련된 장교양성과정 교육부터 국방대 안보

---

61 채성기, 『군사대학 교수자의 교수역량 진단도구 개발 및 요구도 분석』(대전대학교 박사학위논문, 2017)

62 김인국, 「합동성 제고를 위한 국방교육체계 발전방향 연구」, 『국방대학교 합동참모대학 연구보고서』(서울: 국방대학교, 2003)

63 문승하, 「합동성 강화를 위한 합동군사교육체계 발전방향」, 『2012 합동성 강화 대토론회』(서울: 합동참모보부, 2012), 99-121쪽.

64 전광호, 「외국군 사례를 통한 합동군사교육체계 발전방안」, 『2014 합동성 강화 세미나』(대전: 합동군사대학교, 2014), 1-25쪽.

65 노명화, 「각 군 생애주기별 군사교육과 연계한 합동교육체계 평가 연구」, 『합동군사대학교 연구보고서』(논산: 국방대학교, 2018)

과정 교육에 이르기까지 각 과정별 교육목표, 중점, 과목편성 등 교육체계를 분석하여 각 군 생애주기에 따른 합동군사교육체계 개선방안을 제시했다. 특징은 교육학적 관점에서 일부 양성과정 및 위관장교 교육과정의 합동군사교육이 미흡함을 분석하고 대안을 제시하는 데 초점을 맞추었다.

김영래는『한국군의 합동성 강화를 위한 합동군사교육체계 발전방안에 관한 연구』[66]에서 미군과 한국군의 장교양성 및 보수 교육기관의 합동군사교육체계를 교육목표와 교육과정 측면에서 비교 분석하여 한국군의 합동군사교육체계 발전방안을 제시했다. 먼저 교육목표 분석은 소령 이상 합동군사교육기관과 상위 기관 간에 교육목표의 연계성, 내적 일관성, 구체성을 분석한 결과, 미군은 전반적으로 우수한 반면 한국군은 일부 미흡하며, 이러한 차이는 합동군사교육에 대한 합참 차원의 지침과 관심의 부족에 기인하는 것으로 제시되었다. 장교양성 및 보수교육과정 분석 결과, 한국군은 일부 양성과정 및 위관장교 교육과정에서 합동군사교육이 미흡하므로 계속성과 계열성 측면에서 장교양성과정부터 장군교육과정까지 교육과정 전반에 걸쳐 체계적인 합동군사교육을 실시해야 함을 제시했다. 이 논문은 교육학적 관점에서 장교양성과정부터 장군교육과정까지 전반적인 합동군사교육체계를 체계적으로 연구한 최초의 박사학위논문이라는 데 의의가 있다.

이처럼 합동군사교육 관련 연구는 대부분 정책제언을 위한 연구보고서 형태가 많고, 주로 교육학적 관점에서 연구한 것이다. **연구주제 면에서도 주로 합동교육 소요, 합동교육 강화, 장교양성과정부터 장군교**

66　김영래,『한국군의 합동성 강화를 위한 합동군사교육체계 발전방안에 관한 연구』(목원대학교 박사학위논문, 2014)

육과정에 이르기까지 합동군사교육체계 개선 등에 초점을 둔 것이다.

3. 합동전문인력 육성 관련 연구

군 전문인력 관련 연구는 비교적 많이 이루어졌으나 대부분 석사학위논문과 학술지에 발표된 논문이다. 연구주제는 주로 위탁교육 관련 내용과 전문인력 관리체계에 대한 것으로 연구대상은 전문형, 정책형, 군수, 전력, 국방과학기술, 외국어, 간호, 복지, 전문체육, 사이버, 장교, 부사관, 군무원, 국방공무원 등과 관련된 것이 대부분이다.

군 전문인력 관련 박사학위논문으로는 먼저 **정영식의 『국방조직 인력의 효율적 관리에 관한 연구』**[67]가 있다. 그는 국방조직 및 정원관리를 분석하여 신분별 효율적인 역할과 활용방안을 제시하면서 전문인력의 유형과 분류체계 재정립, 정확한 직무분석을 통한 적재적소 보직, 국방부 중심의 전문인력 관리체계 구축, 군무원 관리체계 혁신 등을 제안했다.

강용관은 『전문직업적 정체성을 매개로 육군 전문인력의 조직몰입에 영향을 미치는 요인에 관한 연구』[68]에서 전문직업적 정체성에 영향을 주는 요인을 도출하여 전문직업적 정체성이 높아질 때 조직 몰입도도 높아짐을 입증했다. 그는 정책적 시사점으로, 전문교육 선발부터 전문직업적 정체성을 가지고 있는 인원을 선발하고, 교육 후에는 반드시 전문인력 직위에 배치하며, 지속적인 전문성 개발 및 전문성을 반영

---

67 정영식, 『국방조직 인력의 효율적 관리에 관한 연구』(전북대학교 박사학위논문, 2004)

68 강용관, 『전문직업적 정체성을 매개로 육군 전문인력의 조직몰입에 영향을 미치는 요인에 관한 연구』(서울대학교 박사학위논문, 2013)

한 보상이 필요함을 주장했다.

구용회는 『한국군 인사관리제도의 변천과정에 관한 연구』[69]에서 한국군 장교 인사관리제도의 역사적 태동과 시대적 발전에 대한 고찰을 통해 시대별 특성과 변화양상을 학문적으로 분석하여 우수 인재를 육성하기 위한 인사관리 방향을 제시했다. 이러한 연구들은 군 전문 인력관리와 인사관리 관련 현상을 분석하고 전반적인 발전 방향을 제시했다는 데 의의가 있다.

이처럼 기존의 연구는 군 전문인력 획득 및 인사관리 면에서 다각적으로 이루어졌으나 '합동전문인력'이라는 주제에 대해서는 학술적 연구가 미진했다. 다만 국방부와 합참에서 용역 발주한 2건의 정책연구보고서는 합동성 강화를 위한 합동인력의 인사관리 방안에 대한 의미 있는 선행연구다.

먼저, **김효중·박휘락·이윤규의 「합동성 강화를 위한 합동전문자격제도 발전방향」**[70]은 미군의 합동전문자격제도를 분석하여 시사점을 도출하고 한국군의 합동전문자격제도의 발전 방향을 모색한 연구다. 합동전문자격제도의 기본방향, 합동직위 관리체계, 합동직위 및 적정 확보수준, 합동전문자격 부여기준 등을 제시했다. 이 연구는 국방부와 합참의 합동전문자격제도 정립에 일정 부분 기여했다는 데 의의가 있다. 다만, 합동전문인력 육성을 위해 합동고급과정 졸업자에 대한 합동직위 보직률을 향상시키기 위한 발전방안으로 입교대상 계급을 중령으로만 제한하고 중령(진)을 제외해야 한다고 주장하여 근본적인 대안 제

---

69 구용회, 『한국군 인사관리제도의 변천과정에 관한 연구』(목원대학교 박사학위논문, 2014)

70 김효중·박휘락·이윤규, 「합동성 강화를 위한 합동전문자격제도 발전방향」, 『2008년 국방정책 연구보고서 08-04』(서울: 한국전략문제연구소, 2008)

시 면에서는 한계가 있다.[71]

한상용은 「연합/합동성 강화를 위한 인사관리 방안」[72] 연구에서 합동연합 전문인력 확보의 필요성과 소요 분석을 통해 한국군 주도의 한미연합방위에 부합하는 인사관리 방안을 제시했다. 전시작전통제권 전환 이후 한국군 주도의 합동연합작전을 수행할 수 있는 우수 전문인력을 확보하기 위해서는 기존의 '합동전문자격제도' 대신에 '합동·연합전문특기제도'의 도입을 제안했다. 이 연구는 합동 전문 특기와 연합 전문 특기 지정방안을 세부적으로 제시하여 전문인력 인사관리제도 발전에 기여했다는 데 의의가 있다. 다만, 합동전문인력 육성정책의 효과를 높이기 위한 근본적인 문제점과 원인 분석, 발전방안에 대한 연구는 포함되지 않았다.

---

71 그 이유는 제6장 2절 '합동고급과정 입교대상 계급 조정 및 우수자 유인책 강화' 참조.

72 한상용 외, 「연합/합동성 강화를 위한 인사관리 방안」, 『2015년 합동참모본부 정책연구보고서』(서울: 한국군사문제연구원, 2015)

제3절 연구문제 및 연구 설계

선행연구의 성과와 한계점을 기초로 **연구목적은 한국군의 합동전문인력 육성정책의 효과를 분석하고 정책효과 저조 요인을 규명하여 개선 방향을 모색하는 것으로 설정**했으며, 이러한 연구목적을 달성하기 위한 연구문제를 다음 〈표 2-1〉과 같이 설정했다.

〈표 2-1〉 연구문제

1. 미국과 영국의 합동전문인력 육성정책은 어떠하며, 우리에게 주는 시사점은 무엇인가?
2. 한국군의 합동전문교육과정은 어떠하며, 이 과정이 합동전문교육과정으로 적합한가?
3. 한국군의 합동전문인력 육성정책은 정책효과를 거두고 있는가?
4. 한국군의 합동전문인력 육성정책의 효과가 저조하다면 그 이유는 무엇이며, 현실적인 개선 방안은 무엇인가?

연구문제 1 미국과 영국의 합동전문인력 육성정책은 어떠하며, 우리에게 주는 시사점은 무엇인가?

즉, 합동전문인력 육성을 위한 정책방향, 합동군사교육체계, 합동전문교육과정, 합동전문인력에 대한 인사관리 등 관련 정책은 어떠하며, 정책효과를 거두고 있는가? 우리에게 주는 시사점은 무엇인가? 이를 위해 합동전문인력 육성에 대한 인식과 국가적 관심, 합동전문인력 육성을 위한 국방교육체계, 한국군의 합동고급과정과 유사한 1년 과정인 합동전문군사교육과정의 내용과 방법, 그리고 이 과정 졸업자에 대한 보직 및 활용 등 인사관리시스템을 조사·분석했다.

연구문제 2 한국군의 합동전문교육과정은 어떠하며, 이 과정이 합동전문교육과정으로 적합한가?

이를 위해 먼저 한국군의 합동전문인력 육성에 대한 역대 정부별 인식과 국가적 관심에 대한 역사적 발전과정을 살펴보고, 합동전문인력 육성을 위한 국방교육체계와 합동군사대학교 합동참모대학 합동고급과정의 교육체계를 분석했다. 그리고 미국·영국과 교육기관 설립목적, 교육체계 등을 비교분석·평가하고, 교육효과에 대한 군사전문가의 인식을 설문조사하여 합동고급과정이 합동전문인력 육성을 위한 전문교육과정으로서 적합성 여부를 분석·평가했다.

연구문제 3 한국군의 합동전문인력 육성정책은 정책효과를 거두고 있는가?

즉, 한국군의 합동군사대학교 합동참모대학 합동고급과정이 합동전문인력 육성을 위한 합동전문교육과정으로 적합하다면, 배출된 전문인력을 합동직위에 보직하는 등 정책효과를 거두고 있는가? 이를 위해 합동전문인력 육성 정책목표를 살펴보고 정책효과를 분석했다. 정책의 효과성을 판단하는 총괄평가 관점에서 합동직위에 합동자격장교가 보직된 비율과 합동고급과정 졸업생의 합동부서 보직률, 합동고급과정 졸업생의 진급률 등을 조사·분석했다.

연구문제 4 한국군의 합동전문인력 육성정책의 효과가 저조하다면 그 이유는 무엇이며, 현실적인 개선방안은 무엇인가?

이를 위해 역대 정부가 합동성을 강화하고 합동전문인력을 체계적으로 육성하기 위해 발전시켜온 각종 교육 및 인사관리 정책 및 제도들과 이들의 상호 연계성을 조사·분석했다.

위에서 제기한 문제 해결을 통해 우리 군이 합동전문인력을 효과적으로 육성하고 제대로 활용할 수 있도록 하는, 소위 실효성 있는 정책효과를 발휘하도록 하는 데 일조하고자 한다.

연구문제를 해결하기 위한 연구 설계는 다음과 같다.

먼저 다음 〈그림 2-2〉와 같이 **종속변수는 '한국군의 합동전문인력 육성정책 효과저조'로 설정**하고, 이에 대한 **독립변수는 ① 국방 인사정책의 불합리성, ② 국방 교육정책의 무관심, ③ 정책의 비연계성**(decoupling), **④ 합동성에 대한 정치 논리와 각 군 중심주의로 설정**했다.

연구 분석 방법은 전체적으로 문헌연구를 통한 질적인 분석 방법을 적용했고, 제3장 미국과 영국의 합동전문인력 육성정책 분석 시 자료가 부족한 부분에 대해서는 전문가 인터뷰로 보완했다. 그리고 제4장 제4절 합동전문교육과정으로서 합동고급과정의 적합성을 평가하기 위

〈그림 2-2〉 독립변수 및 종속변수

종속변수	한국군의 합동전문인력 육성정책 효과 저조
독립변수	① 국방 인사정책의 불합리성 ② 국방 교육정책의 무관심 ③ 정책의 비연계성(decoupling) ④ 합동성에 대한 정치 논리와 각 군 중심주의

해 문헌연구를 통한 역사적·법적 평가, 미국·영국과의 비교 평가에 이어 이를 검증하기 위한 수단으로서 설문조사 방법을 적용했다.

설문조사는 합동전문인력 육성을 위한 전문교육과정으로 합동고급과정의 적합성 등에 대한 장교들의 인식을 조사하기 위해 2019년 8월 합동군사대학교 교학과와 함께 중령급 이상 군사전문가 318명을 대상으로 시행했다. 조사의 신뢰도를 높이기 위해 모집단인 육·해·공군 중령 이상 장교 및 교수요원 등 군사전문가 집단 중에서 표집 방법은 합동전문인력 육성정책과 합동고급과정을 가장 잘 이해할 수 있는 합동참모대학 교수요원과 재학생, 졸업생으로 구분하여 층화표집을 실시했다.

설문 방법은 1차로 2019년도 합동군사대학교 합동참모대학 합동고급과정 재학생 113명 전원을 대상으로 조사하고, 2차로 합동참모대학 교수요원 71명 전원을 대상으로 실시했으며, 마지막으로 2013년부터 2018년까지 합동고급과정을 졸업한 학생장교 667명에게 설문 메일을 발송하여 응신한 134명을 대상으로 시행했다.

설문 문항은 12개의 문항과 37개의 요구지표 문항으로 구성했으며, 리커트(Likert)식 척도를 적용했다. **설문 문항의 신뢰도[73]는 교수요원이 0.985, 졸업자 및 재학생은 0.980으로 매우 양호했고, 신뢰도의 오차범위는 ±3.1%**다.

이상의 연구문제와 연구 절차, 연구 분석 방법 등을 분석 틀을 포함한 연구 설계도로 도식화하면 다음 〈그림 2-3〉과 같다.

---

73 신뢰도는 SPSS(statistical package for social science: 사회과학 통계 프로그램 패키지)에서 설문 문항에 대한 내적 일관성(Internal Consistency)을 측정하는 척도인 '크론바흐 알파(Cronbach's α)'를 적용했다.

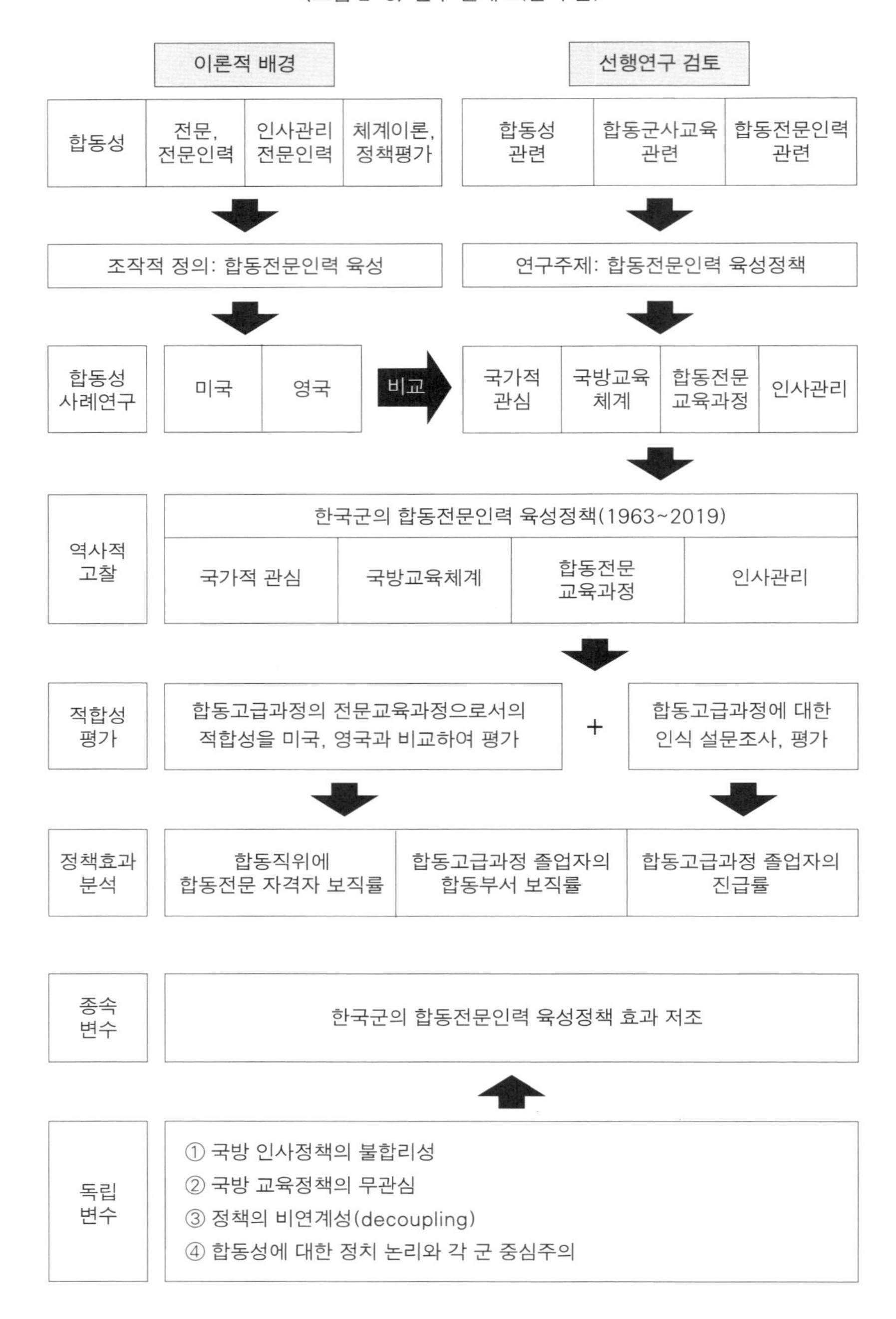
〈그림 2-3〉 연구 설계도(분석 틀)
이론적 배경
선행연구 검토
합동성
전문, 전문인력
인사관리 전문인력
체계이론, 정책평가
합동성 관련
합동군사교육 관련
합동전문인력 관련
조작적 정의: 합동전문인력 육성
연구주제: 합동전문인력 육성정책
합동성 사례연구
미국
영국
비교
국가적 관심
국방교육 체계
합동전문 교육과정
인사관리
역사적 고찰
한국군의 합동전문인력 육성정책(1963~2019)
국가적 관심
국방교육체계
합동전문 교육과정
인사관리
적합성 평가
합동고급과정의 전문교육과정으로서의 적합성을 미국, 영국과 비교하여 평가
+
합동고급과정에 대한 인식 설문조사, 평가
정책효과 분석
합동직위에 합동전문 자격자 보직률
합동고급과정 졸업자의 합동부서 보직률
합동고급과정 졸업자의 진급률
종속 변수
한국군의 합동전문인력 육성정책 효과 저조
독립 변수
① 국방 인사정책의 불합리성
② 국방 교육정책의 무관심
③ 정책의 비연계성(decoupling)
④ 합동성에 대한 정치 논리와 각 군 중심주의

제3장

미국과 영국의 합동전문인력 육성정책

제1절 미국의 합동전문인력 육성정책

1. 합동성과 합동전문인력 육성에 대한 국가적 관심

미국은 합동작전과 합동성, 그리고 합동전문인력에 대해 국가적으로 관심이 매우 높다. 왜냐하면 각 군의 경쟁과 갈등으로 인한 폐해를 비교적 일찍 경험했기 때문이다. 미국은 전통적으로 육군과 해군을 담당하는 장관이 별도로 있을 정도로 각 군이 독자적으로 발전해왔다.[1] 그러다 보니 합동작전의 필요성도 조기에 인식하게 되었고, 1903년 스페인과의 전쟁 종료 후 육군과 해군의 합동작전을 조율하기 위해 처음으로 '합동위원회(Joint Board)'를 설치했다.[2]

미국은 제1·2차 세계대전을 거치며 국가적 차원에서 육·해·공군의 지휘체계와 군구조 문제를 해결하기 위해 노력했다. 1947년 「국가안보법(National Security Act)」을 제정하여 국방부와 합동참모본부 조직

1 미국은 1947년까지 육군을 통제하는 전쟁성(Department of War)과 해군을 통제하는 해군성(Departmentof the Navy)이 별도로 존재했다. https://terms.naver.com/entry.nhn?docId=3475651&cid=58439&categoryId=58439(검색일: 2019. 8. 15)

2 Harry B. Yoshpe & Stanley L. Falk, Organization for National Security (Washington, D.C.: Industrial College of the Armed Forces, 1963), pp. 29-30. 1903년 미국이 스페인과의 전쟁을 끝낸 직후부터 육·해군 간 합동작전을 기획하고 전쟁 중에 발생한 문제를 해결하기 위해 '합동위원회(Joint Board)'라는 협조기구를 가동했다.

을 법제화했으며,[3] 1958년 **「국방재조직법**(Defense Reorganization Act)**」을 제정함으로써 합참의 권한을 일부 강화하고 합동부대 편성 등 합동성을 강화하기 위해 노력**했다.[4]

그러나 월남전과 1980년 테헤란 미 대사관 인질구출작전 실패, 1983년 그레나다 작전 실패[5] 등을 경험하면서 작전적인 측면뿐만 아니라 군사력 건설 등 여러 면에서 각 군 간 경쟁과 마찰 문제에 대한 근본적인 개혁이 요구되었다. **결국 의회 차원에서 합동성을 강화하기 위한 근본적인 국방개혁을 추진했는데, 그 최종 산물이 바로 1986년 제정된 「골드워터-니콜스 법**(Goldwater-Nichols Act)**」**[6]이다. 「골드워터-니콜스

---

3 이 법에 의해 공군과 국방부(Department of Defense; '국방성'으로 번역하기도 함)를 창설하고 기존의 각 군 장관(Military Department; '각 군 성'으로 번역하기도 함)은 국방부 예하 조직으로 개편했다. 합참의장에게는 각 군 총장 등으로 구성되는 합동참모회의를 중재하고, 필요 시 장관과 대통령에게 조언하고 보좌하는 정도의 권한을 부여했고, 각 군이나 예하 부대에 대한 지시 권한은 포함되지 않았다. 고든 레더만, 김동기 · 권영근 역, 『미 국방개혁의 역사: 합동성 강화』(서울: 연경문화사, 2007), 58-69쪽.

4 아이젠하워 대통령을 비롯한 의회는 핵과 미사일 규모의 확대에 따른 문민통제와 권력 분산 차원에서 각 군에 의한 군정권과 장관-합참의장-통합사령관에 의한 군령권으로 권한을 분산하고자 했다. 또한 합참의 인원을 늘리는 등 기능을 강화하되 합참의 권한이 비대해지는 것을 경계했다. 그래서 합참은 국방장관이 군사참모부 역할을 수행할 수 있도록 하되 별도의 명령 권한 없이 장관의 지휘사항을 그대로 전달하는 역할만 수행토록 했다. 위의 책, 69-77쪽.

5 미국은 카리브해의 작은 섬나라인 그레나다가 공산화되는 것을 막기 위해 1983년 10월 25일 미 육군과 해병대 병력 2천여 명을 투입하여 침공작전을 전개했다, 작전과정에서 육군과 해병대의 지휘체계 분산, 육 · 해 · 공군 간 통신수단의 제한, 작전 간 비협조 등 여러 문제점이 도출되었다. https://ko.wikipedia.org/wiki/%EA%B7%B8%EB%A0%88%EB%82%98%EB%8B%A4_%EC%B9%A8%EA%B3%B5(검색일: 2019. 8. 15)

6 원래 제목은 "A bill to amend title 10, United States Code, to strengthen the position of Chairman of the Joint Chiefs of Staff, to provide for more efficient and effective operation of the Armed Forces, and for other purposes."이며, 약식 제목은 'Goldwater-Nichols Department of Defense Reorganization Act of 1986'으로 '골드워터-니콜스 1986년 국방재조직법'이다. https://en.wikipedia.org/wiki/Goldwater%E2%80%93Nichols_Act(검색일: 2019. 8. 15)

법」은 6개의 타이틀로 구성되며, 주요 내용은 다음과 같다.

① 국방부 기구를 효율적으로 재조직하고 민간통제를 강화하기 위해 장관, 차관 등의 임무와 권한 재정립, ② **합참과 통합군사령부의 권한 강화**, ③ 국방부 직할 부대 등 국방기관들의 설치와 관리, 특히 이 기관들의 활동에 대한 합동성 차원에서의 합참의 평가 권한, ④ **합동전문인력에 대한 자격부여 및 관리체계**, ⑤ **합동성을 강화하기 위한 각 군 성 및 각 군 본부의 편성과 주요 직위자의 요건**, ⑥ 기타 국방 자원의 효율적 사용과 행정 관련 개선사항 등이 망라되어 있다.[7]

여기서 핵심은 합동성을 근본적으로 강화하기 위해 합참의장과 합동참모본부, 통합군사령관의 권한을 대폭 강화하고,[8] 합동전문인력에 대한 교육, 합동특기 부여, 보직, 진급 등 육성 및 관리시스템을 법제화

---

7 PUBLIC LAW 99-433-OCT. 1, 1986 GOLDWATER-NICHOLS DEPARTMENT OF DEFENSE REORGANIZATION ACT OF 1986, http://search.naver.com/search.naver?sm=top_hty&fbm=1&ie=utf8&query=Goldwater-Nichols+Act&url=https%3A%2F%2Fhistory.defense.gov%2FPortals%2F70%2FDocuments%2Fdod_reforms%2FGoldwater-NicholsDoDReordAct1986.pdf&ucs=U1v5yYRH1zoy(검색일: 2019. 8. 15)

8 합참의장에게는 ① 군에 대한 전략지시 제공 관련 대통령과 국방장관 보좌, ② 국방장관이 제시한 예산범위 내에서 전략기획 준비, ③ 국방장관의 정책지도 범주 내에서 우발기획 준비 및 검토, 병참기획 및 전투결함 평가, 통합 및 특수사령부의 준비태세를 평가하기 위한 표준화된 시스템 구축, ④ 통합군사령관이 제시한 예산 요구사항들의 우선순위 설정과 각 군의 예산계획이 전략기획 및 통합사령부의 요구에 어느 정도 부합되는지에 관하여 국방장관에게 조언, ⑤ 합동교리를 구상하고 합동훈련 및 전문군사교육 정책 수립, ⑥ 유엔 군사참모위원회에 미군 대표로 참석 등 여섯 가지 기능과 책임이 부여되었다. PUBLIC LAW 99-433-OCT. 1, 1986 GOLDWATER-NICHOLS DEPARTMENT OF DEFENSE REORGANIZATION ACT OF 1986, http://search.naver.com/search.naver?sm=top_hty&fbm=1&ie=utf8&query=Goldwater-Nichols+Act&url=https%3A%2F%2Fhistory.defense.gov%2FPortals%2F70%2FDocuments%2Fdod_reforms%2FGoldwater-NicholsDoDReordAct1986.pdf&ucs=U1v5yYRH1zoy(검색일: 2019. 8. 15)

했다는 데 있다. 이 법에 의해 합참의장에게 장교교육에 관한 정책수립 임무가 부여되었으며, 합동전문인력 육성을 위한 교육뿐만 아니라 인사관리가 제도화되었다.[9]

「골드워터-니콜스 법」이 합동성을 강화하기 위해 합참과 합참의장의 역할을 강화하고 합동전문인력 육성시스템을 구축하는 데 초점을 맞추었다면, **스켈턴**(Skelton) **하원의원이 이끄는 '군사교육 평가위원회**(Congressman Skelton's panel)**'는 합동군사교육에 초점**을 맞추었다. 스켈턴 위원회는 1987년 10월부터 광범위한 실태조사와 28회의 청문회 등을 통해 합동군사교육 시스템을 향상시키기 위한 구체적인 교육개혁안을 제안했다. 1989년 4월 스켈턴 위원회는 보고서 발표를 통해 **합동전문군사교육이 좀 더 전략적 사고와 비판적 사고 등 지적 능력을 계발하는 데 집중**해야 하며, 이를 위해 ① **교수진의 질 향상**, ② **2단계의 합동전문군사교육시스템 구축**, ③ **국방대학교에 국가전략연구소 설립**, ④ **국방대학교에 장군진급자 교육을 위한 '캡스톤**(CAPSTONE) **과정' 개설**, ⑤ **중급 및 고급 교육과정 전체의 '논술 기반 시험**(Essay-Based Examinations)**' 채택 등을 요구**했다. 이러한 내용은 국방부와 합참의 합동전문군사교육 정책에 대부분 반영되었으며, 현재까지 전통으로 내려오고 있다.[10]

2. 합동전문인력 육성을 위한 국방교육체계

미국은 기본적으로 군사교육을 '전문교육(Professional Education)**'으로**

---

9 Gordon Nathaniel Lederman, *op. cit*, pp. 195-215.

10 Harold R. Winton, "Ike Skelton, 1931-2013: Champion of Military Education," Joint Force Quarterly 73 (2nd Quarter, April 2014), pp. 4-5.

규정하고 있다. 군사교육의 목적이 계급, 병과, 주특기 등 직무를 수행하는 데 필요한 전문성과 지식을 갖추게 하는 데 있기 때문이다.[11] 그래서 임관 이전의 군사교육을 제외한 모든 군사교육은 '전문군사교육(PME: Professional Military Education)'으로 분류되며, 요구되는 전문성의 정도에 따라 초급, 중급, 고급 등으로 수준이 나뉜다.

미군의 장교교육체계는 기본적으로 **'장교전문군사교육**(OPME: Officer Professional Military Education)**'과 '합동전문군사교육**(JPME: Joint Professional Military Education)**'으로 구성**된다. 이와 관련하여 합참의장 지시 1800-01E 「장교 전문군사교육 정책(Officer Professional Military Education Policy)」에는 다음과 같이 기술되어 있다.

> **이 지시는 장교전문군사교육**(OPME)**과 합동전문군사교육**(JPME) **체계로 구성되는 합참의장 교육지시의 목표와 정책을 설명**한다. (중략) 각 군은 장교들의 계급, 병과 및 직책의 특수성에 적절한 전문지식을 가진 장교로 육성하기 위해 장교전문군사교육(OPME) 체계를 운용한다. 장교는 전반적인 각 군별 전문군사교육과 더불어 임관 전부터 장성급에 이르기까지 합동전문군사교육(JPME)을 받는다.[12]

장교전문군사교육은 전문가 육성수준을 고려하여 다음 〈표 3-1〉과 같이 **5단계 수준, 즉 ① 임관 이전 교육, ② 초급교육, ③ 중급교육, ④ 고급교육, ⑤ 장성급교육으로 구분**된다.

---

11 U.S. Joint Chief of Staff, CJCSI 1800.01E; Officer Professional Military Education Policy, (Washington D.C. U. S. Joint Chief of Staff: 2015), A, p. 1.

12 Ibid., p. 1.

〈표 3-1〉 장교전문군사교육의 5단계 수준

레벨	계급	교육기관 및 과정	특징
1. 임관 이전	사관생도	각 군 사관학교, 학군단(ROTC), 간부후보생(OCS) 및 간부훈련 학교(OTS) 등	모든 전쟁수준의 개념적 인식
2. 초급	위관	각 군 병과 또는 참모특기 학교, 초급군사교육과정	전술적 수준에 중점
3. 중급	소령	육군지휘참모대학(ACGSS), 공군지휘참모대학(ACSC), 해군지휘참모대학(CNCS), 해병지휘참모대학(MCCSC), 합동연합전쟁수행과정(JCWS), 국가정보대학교(NIU), 외국 군사대학 등	작전적 수준에 중점
4. 고급	소령 ~ 대령	공군전쟁대학교(AWC), 육군전쟁대학교(USAWC), 해상전대학교(CNW), 해병전쟁대학교(MCWAR), 고급군사과정(SAM), 국가전쟁대학(NWC), 아이젠하워과정(ES), 국제안보문제대학(CISA), 합동연합전쟁수행과정(JCWS), 합동고급전쟁수행과정(JAWS), 고급합동전문군사교육(AJPME)[13] 등	전략적 수준에 중점
5. 장성	준장~중장	캡스톤(CAPSTONE) 과정, 피나클(PINNACLE) 과정	전략적 수준에 중점

* 출처: U.S. Joint Chief of Staff, op. cit., pp. 1-8 내용을 요약정리

먼저 **'레벨 1'은 '임관 이전 교육'**이다. 장교로 임관하기 위한 군사교육으로 각 군 사관학교, 학군단(ROTC), 간부후보생(OCS) 및 간부훈련학교(OTS)에서 실시한다. **'레벨 2'는 '초급교육'**이다. 통상 소위~대위 계급에서 받는 교육으로 각 군 병과 또는 참모특기학교, 초급군사교육과정에서 이루어진다. **'레벨 3'은 '중급교육'**이다. 통상 소령계급에서 받는 교육으로서 육군지휘참모대학(ACGSS), 공군지휘참모대학(ACSC), 해군지휘참모대학(CNCS), 해병지휘참모대학(MCCSC), 국방대학교 합동참

13 예비역 장교를 대상으로 하며, 교육내용은 합동연합전쟁수행과정(JCWS)과 유사하다.

모대학의 합동연합전쟁수행과정(JCWS),[14] 그리고 국가정보대학교(NIU)와 기타 각 군이 인정한 상응한 과정, 외국 군사대학 등에서 이루어진다. **'레벨 4'는 '고급교육'**이다. 주로 중령~대령 계급에서 이루어지나 일부 선발된 소령을 포함한다. 교육기관은 각 군에서 운영하는 공군전쟁대학교(AWC), 육군전쟁대학교(USAWC), 해군전쟁대학교의 해상전대학교(CNW), 해병전쟁대학교(MCWAR), 고급군사과정(SAM) 등 각 군이 인정한 상응한 과정과 국방대학교(NDU) 예하 국가전쟁대학(NWC), 아이젠하워과정(ES), 국제안보문제대학(CISA), 그리고 합동참모대학(JFSC)의 합동연합전쟁수행과정(JCWS)[15]과 합동고급전쟁수행과정(JAWS) 등이 있다. **'레벨 5'는 '장성급 교육'**으로 국방대학교에서 운영하는 **캡스톤(CAPSTONE) 과정과 피나클(PINNACLE) 과정[16]이 있다.**[17]

이러한 장교전문군사교육체계는 기본적으로 각 군의 책임하에 각 군에 필요한 장교의 전문성 개발 및 육성에 초점을 맞추도록 되어 있다. 하지만 「골드워터-니콜스 법」에 의해 합참의장이 전문군사교육에 대한 방향을 제시해주고 합동전문군사교육과 어떻게 연계해야 하는지를 다음과 같이 명확히 제시해주고 있다.

> 전문군사교육은 광범위한 지식의 집합체를 제공하며, 전쟁의 기법과 과학에서 직업군인의 전문성에 긴요한 지적 사고능력을 발전시킨다. **전문군사교육과 합동전문군사교육은 합동장교 육성을 위한 중요한 구성요소를 형성한다.**

---

14 중급교육 단계의 합동연합전쟁수행과정(JCWS)은 소령을 대상으로 약 4개월간 진행된다.

15 고급교육 단계의 합동연합전쟁수행과정(JCWS)은 중·대령을 대상으로 약 11개월간 진행된다.

16 캡스톤 과정은 준장 진급자 과정이며, 피나클 과정은 중장급 이상 최고위 과정이다.

17 U.S. Joint Chief of Staff, *op. cit.*, pp. 1-8.

(중략) 전문군사교육체계를 통해 다음과 같은 리더를 육성해야 한다. ① **전략적으로 사고**하고 **합동전투수행 능력을 구비한 합동군 리더 육성**의 맥락에서 각 군에 필요한 전문성을 갖춘 리더를 육성할 것, ② 더 폭넓은 관점에서 군사문제를 바라볼 수 있고 환경변화와 위협요인을 평가할 줄 알며 **비판적 사고 능력이 뛰어난 리더를 육성**할 것, ③ 특히, 고급장교는 사이버 공간을 포함한 모든 전장 환경에서 국가안보 전략과 정책 목표 달성을 위해 **국가적 차원의 군사전략을 개발하고 시행할 줄 아는 노련한 합동전사로 육성**할 것.[18]

이것은 법으로 규정된 교육적 요구조건을 충족시키기 위해 합참의장 통제하에 전문군사교육과 합동전문군사교육이 긴밀히 연계되고 있음을 보여준다. 또한 미국은 합동교육을 합동군사력 개발의 핵심으로 인식하여 국가적 차원에서 관리하고 있다.[19] 그래서 「골드워터-니콜스법」뿐만 아니라 「미국 연방법」에도 이러한 군사교육 관련 내용이 반영되어 있다. 예를 들어 「미국 연방법」 제10조 107장 2152조에는 모든 합동전문군사교육 시 국가군사전략, 전쟁 수준별 합동기획, 합동교리, 합동 지휘 및 통제, 합동군 및 합동 요구사항 개발 등을 포함하도록 규정하고 있다.[20]

이러한 법에 근거하여 국방부는 「합동장교관리 및 합동전문군사교육을 위한 전략계획(Department of Defense Strategic Plan for Joint Officer Management and Joint Professional Military Education)」 등을 수립하고 합참의장은 앞에서 설명한 「장교 전문군사교육 정책」뿐만 아니라 「합동교육백서(Joint

---

18 Ibid., pp. 1-2.

19 JFSC, The Joint Staff Officer's Guide (Washington, D.C.: NDU JFSC, 2018) pp. 1-86.

20 US Code Title 10, https://www.law.cornell.edu/uscode/text/10/2152(검색일: 2019. 8. 18)

Education White Paper)」, 「합동장교 개발을 위한 합참의장 비전(CJCS Vision for Joint Officer Development)」 등을 수립하여 하달한다.

합동전문군사교육은 임관 이전 교육부터 장성급 교육에 이르기까지 5단계 레벨 전문군사교육과 연계하여 5단계 레벨로 구분되며, 레벨별 세부 교육 중점은 다음 〈표 3-2〉와 같다.

〈표 3-2〉 합동전문군사교육의 5단계 수준

수준(레벨)	교육기관 및 과정	합동교육 중점
1. 임관 이전의 사전교육 (사관생도)	각 군 사관학교, 학군단(RO TC), 간부후보생(OCS) 및 간부훈련 학교(OTS) 등	기초적인 미국의 국방구조, 타군의 임무와 역할, 전투사령부 구조, 미국의 군사력과 합동작전의 본질 등
2. 합동 지식의 초급교육 (위관)	각 군 병과 또는 참모특기 학교, 초급군사교육과정	합동전투의 기초, 합동기동부대의 조직과 전투사령부의 구조, 합동전역의 특성, 국가적 및 합동체계상 전술적 수준의 작전에 대한 지원방법, 타군 체계의 능력 등
3. 합동전문 군사교육 1단계 (소령, 중급)	육군지휘참모대학(ACGSS), 공군지휘참모대학(ACSC), 해군지휘참모대학(CNCS), 해병지휘참모대학(MCCSC), 합동연합전쟁수행과정(JCWS), 국가정보대학교(NIU), 외국 군사대학 등	전술적 · 작전적 수준의 합동군 배치 및 운용에 대한 이해의 폭 확대, 분석능력과 창의적 사고력 개발, 합동전투 수행의 전문성 함양 및 민군관계에 대한 이해를 확대하기 위해 합동계획, 국가적 군사전략, 합동교리, 합동 지휘 및 통제, 합동부대의 요구조건 등
4. 합동전문 군사교육 2단계 (소령~대령, 고급)	합동참모대학(JFSC)의 합동고급전쟁수행과정(JAWS), 합동연합전쟁수행과정(JCWS), 고급합동전문군사교육(AJP ME), 기타 각 군 전쟁대학 및 국방대의 고급 과정 등[21]	국가안보전략, 전구 전략 및 전역기획, 민군관계, 합동기획, 여러 기관 · 부처 · 국가 능력의 합동 및 통합, 분석력, 비판적 평가, 창의성 계발 등

21 세부적으로는 육군전쟁대학교(USAWC), 해상전대학교(CNW), 공군전쟁대학교(AWC), 해병전쟁대학교(MCWAR), 육군지휘참모대학(ACGSS)에서 운영하는 고급군사과정

수준(레벨)	교육기관 및 과정	합동교육 중점
5. 장성급교육	캡스톤(CAPSTONE) 과정, 피나클(PINNACLE) 과정	미국의 국가이익과 대전략, 국가안보전략, 국가군사전략, 전구전략, 민군관계, 합동, 기관 · 정부 간 및 다국적 환경에서의 전역 및 군사작전 수행 등

* 출처: U.S. Joint Chief of Staff, op. cit, pp. 6-8 내용을 요약정리

① **'레벨 1'은 '임관 이전의 사전교육'**으로 학생들에게 각 군별 소개에 추가하여 기초적인 미국의 국방구조, 타군의 임무와 역할, 전투사령부 구조, 미국의 군사력과 합동작전의 본질에 대한 지식을 부여한다.

② **'레벨 2'는 '합동 지식의 초급교육'**으로 위관장교에 대해 장차 합동기동부대 근무 시 필요한 지식을 부여한다. 즉, 합동전투의 기초, 합동기동부대의 조직과 전투사령부의 구조, 합동전역의 특성, 국가적 및 합동체계상 전술적 수준의 작전에 대한 지원 방법, 이와 관련된 타군 체계의 능력을 설명하는 데 중점을 둔다.

③ **'레벨 3'은 본격적인 '합동전문군사교육 1단계**(JPME Phase I)'로 소령을 대상으로 한 각 군의 지휘참모대학 등 중급교육 시 각 군 구성군사령부의 지원을 받는 합동군 관점에서 합동작전 및 리더십 개발을 가르치는 데 중점을 둔다. 학생들은 전술적 · 작전적 수준의 합동군 배치 및 운용에 대한 이해의 폭 확대, 분석 능력과 창의적 사고력 개발, 합동전투 수행의 전문성 함양 및 민군관계에 대한 이해를 확대하기 위해 합동계획, 국가적 군사전략, 합동교리, 합동 지휘 및 통제, 합동부대의 요구조건 등을 중점적으로 교육받는다. 국가정보대학교(NIU)는 또 다른 합동전문군사교육 1단계 교육기관으로 합동, 각 군, 국가기관의 관점을

(SAM), 국가전쟁대학(NWC), 아이젠하워과정(ES), 국제안보문제대학(CISA) 등이다.

이해하면서도 정보공동체의 입장에서 합동작전 및 리더십을 개발하는 데 중점을 둔다.

④ **'레벨 4'는 '합동전문군사교육 2단계**(JPME Phase Ⅱ)'로 합동참모대학과 각 군의 전쟁대학 등 소령~대령을 대상으로 한 고급교육 시 전략적 리더십 및 자문역 직책에 보직시키기 위한 준비에 중점을 둔다. 학생들은 국가안보전략, 전구(戰區)전략 및 전역기획, 민군관계, 합동기획, 여러 기관 · 부처 · 국가 능력의 합동 및 통합은 물론 분석력, 비판적 평가, 창의성 계발과 관련된 폭넓은 교육을 받는다.

⑤ **'레벨 5'는 '장성급 교육'**으로 '캡스톤(CAPSTONE)' 과정과 '피나클(PINNACLE)' 과정 교육 시 고급 수준의 합동성과 기관 · 부처 · 국가 간 다국적 리더십 및 관리능력 함양에 중점을 둔다. 미국의 국가이익과 대전략, 국가안보전략, 국가군사전략, 전구전략, 민군관계, 합동, 기관 · 정부 간 및 다국적 환경에서 전역 및 군사작전 수행을 중점적으로 가르친다.[22]

이처럼 미국은 합동전문인력 육성을 위해 「미국 연방법」과 「골드워터-니콜스 법」에 의거하여 누구의 통제하에 어떤 교육기관이 어떤 교육목표와 중점을 가지고 교육할지를 명시하는 등 국가적 차원에서 관리하고 있다. 이에 근거하여 합참의장은 「합참의장 지시 1800-01E: 장교 전문군사교육 정책(Officer Professional Military Education Policy)」 등을 수립하여 각 군의 전문군사교육과 합동전문군사교육을 긴밀히 연계시키고 있으며, 임관 이전 양성교육부터 장성교육에 이르기까지 레벨별 합동전문군사교육을 체계적으로 관리 및 통제하고 있다. **특히 중급 및 고급 레벨의 합동전문군사교육 과정에 대해서는 합참의장의 인증**을 받도

---

22 U.S. Joint Chief of Staff, *op. cit.*, pp. 6-8.

록 되어 있다.

5단계 레벨의 합동전문군사교육 중에서 합동전문인력육성 교육과정은 '레벨 3'과 '레벨 4'로 '합동전문군사교육 1단계(JPME-Ⅰ)**'와 '합동전문군사교육 2단계**(JPME-Ⅱ)**'로 명명**하고 있다. 특히 '레벨 4'의 합동전문군사교육 2단계는 합동전문군사교육 1단계(JPME-Ⅰ)를 이수한 소령~대령 중 우수인원을 선발하여 약 1년간 더욱 깊이 있게 교육하는 과정이다. 이러한 합동전문군사교육 2단계 교육을 이수하면 곧바로 합동전문인력으로서의 자격을 부여받고 합동직위에 보직될 수 있다. **합동전문군사교육 2단계**(JPME-Ⅱ) **교육기관 중에서도 가장 전문적인 교육과정이 합동참모대학**(JFSC)**의 합동고급전쟁수행과정**(JAWS)이다.

3. 합동전문인력 육성을 위한 전문교육과정: '합동참모대학(JFSC) 합동고급전쟁수행과정(JAWS)'

합동참모대학(JFSC)**은 현재 미군 내 합동전문가를 육성하는 가장 대표적인 교육기관**이다. 처음에는 제2차 세계대전 동안 합동작전의 필요성이 대두하여 현 위치인 버지니아주 노포크(Norfolk)에 1943년 '육·해군 참모대학(ANSC)'을 설립했다가 전쟁 직후인 1946년 '국방참모대학(AFSC)'으로 개편되었으며, 54년간 운영되다가 2000년부터 현재의 '합동참모대학(JFSC)'으로 개칭되었다. 지휘관계는 계속 국방부 직할 부대로 운영되다가 1981년부터 국방대학교(NDU) 예하 기관으로 배속되었다.

합동참모대학의 주 임무는 합동전문군사교육 2단계 교육프로그램으로 인증받은 **'합동고급전쟁수행과정**(JAWS)**'과 '합동연합전쟁수행과**

정(JCWS)**'을 운영**하는 것이며, 기타 예비역 장교를 대상으로 하는 '고급 합동전문군사교육과정(AJPME)'과 몇 개의 단기 과정[23]을 운영하고 있다.

'합동고급전쟁수행과정(JAWS)**'은 합참에서 제시하는 합동전문군사 교육 2단계의 교육 중점과 요구조건을 가장 잘 반영한 과정**으로, 장차 합참 및 여러 합동전투사령부에서 기획 관련 직책을 수행하고자 하는 각 군별 유능한 고급장교를 대상으로 운영된다. **교육기간은 약 11개월이며, 연간 1개 기수를 운영한다. 기수별 인원은 40여 명으로 소규모로 운영**되며, 입교대상은 미군 중·대령(82%)과 정부기관 민간인(10%), 외국 군인(8%)으로 구성되는데, 외국 군인은 '다섯 개의 눈(Five Eyes)'[24] 국가만 허용하고 있다.

교육목표는 국력의 모든 요소를 적용할 수 있고 냉철하게 분석할 수 있는 합동 기획능력과 전략적 사고능력을 갖춘 고도의 전문가를 육성하는 것이다. 즉, ① 전역(campaign) 수준의 개념을 창출할 수 있고, ② 다른 국력의 수단과 조화되는 군사력을 운용할 수 있으며, ③ 군사혁신을 가속화하고, ④ 합동군의 작전적·전략적 기획관 및 지휘관으로 성공하며, ⑤ 더욱 창조적이고, ⑥ 개념을 구상할 수 있으며, ⑦ 적응성이 있고 개혁적인 리더가 될 수 있는 졸업생을 배출하는 것이다.[25]

교육 중점은 졸업 후 합동직위 임무수행 능력을 개발함은 물론, 장차 고급 리더십을 발휘할 수 있는 역량을 함양하기 위해 작전기획 능력과 비판적·창의적 사고를 개발하는 데 초점을 맞추고 있다.

---

23 2주 과정인 '합동지휘통제정보작전과정(JC2IOS)', 1주 과정인 '합동전환과정(JTC)', 원격교육과정인 '합동지속원격과정(JCDES)' 등이 있다.

24 'Five Eyes'는 상호 첩보 동맹을 맺고 있는 미국, 영국, 캐나다, 오스트레일리아, 뉴질랜드 5개국을 이르는 말이다.

25 U.S. Joint Chief of Staff, *op. cit.*, p. 7.

교육과목은 먼저 ① **전쟁 역사 및 이론 분야**로 '전쟁철학', '근대전쟁연구', '미래전', '작전술의 역사' 등이 과목이 있고, ② **국가안보 및 군사전략 분야**는 '전략 개론', '전략적 관점', '전략적 적용' 등의 과목이 있다. ③ **작전술 및 전역기획 분야**는 '작전적 구상', '작전적 접근의 개발', '우발적인 상황에 대한 계획', '합동작전계획 절차', '위기 상황에서의 군사행동 계획' 등의 과목으로 구성되고, ④ **고급 및 전략적 리더십 분야**는 '의사결정', '군사혁신', '문화인식', '윤리', '비판적 사고' 등의 과목으로 구성된다. ⑤ **선택과목**으로는 '국제적 관점에서의 안보와 전략', '20세기의 군사적 개념을 형성하는 데 영향을 미친 위대한 책들', '변화와 혁신의 역사', '정치적 폭력으로서의 군사행동과 정부행동', '전쟁과 전투의 미래', '미중관계와 중국의 전쟁전략' 등이 있으며, ⑥ **종합실습**은 'Capstone Exercise'라는 이름으로 2주 동안 가까운 미래의 복합적인 우발상황에 대한 군사전략 및 군사행동 기획 등을 종합적으로 실습한다. ⑦ **현장학습**을 많이 하고 있는데, 전사적지 방문, 국방부·합참 및 워싱턴 D.C.에 있는 많은 정부기관에 대한 현장학습, 유럽에서의 정부 간, 다국적 간 관계 이해를 위한 현장 방문 조사, 노르망디 현지에서의 1주간 심포지엄 등으로 구성된다. ⑧ **연구논문 작성**은 개별적으로 35~45페이지 분량으로 제출해야 한다.

반 편성은 40명을 12~14명씩 3개 반으로 구분하며, 반별 담임 교관은 현역 2명과 예비역 교수 1명씩 편성한다. 합동성 강화를 위해 반 편성 시 육·해·공군, 해병대와 외국군 장교, 정부기관 민간인을 모두 포함하여 편성한다. 담임 교관 편성도 합동성을 고려하여 군별로 다양하게 구성한다. 예를 들어 현역 교관 2명이 육군, 공군이면, 예비역 교수는 해군 출신으로 편성한다.

교육 방법은 대부분 세미나 방식으로 진행되며, 합참의장, 합동전투 사령관들, 예비역 장군, 대사, 민간 전문가 등 고위급 인사들을 초청하여 토론하는 기회도 많이 부여한다. **평가는 종합시험 한 번만 보는데, 개인별로 2시간 동안 구술평가 방식**으로 진행된다.[26] 합동고급전쟁수행과정 졸업 시 국방대학교에서 **군사전략 및 합동전역기획 석사학위가 수여**되며, 졸업 후에는 합동전투 사령부의 전역 기획관 등 **합참에서 규정한 합동배치 목록에 지정된 직책에 100% 보직**하게 되어 있다.[27]

한편, **'합동연합전쟁수행과정**(JCWS)'은 합동전문군사교육 1단계 수료자에게 합동에 대한 태도와 인식, 합동에 대한 작전적 전문성, 합동 리더에 대한 잠재능력 및 전쟁 수행 기량을 제고하기 위해 합동전문군사교육 2단계 교육을 하는 과정이다.[28] **교육기간은 10주로 비교적 짧으며 연간 4개 기수를 운영한다. 기수별 인원은 250여 명으로 입교대상은 미군뿐만 아니라 외국군 및 정부기관 민간인도 가능**하다.[29] 미군은 합동전문군사교육 1단계를 수료하고 2단계를 받기 위한 소령부터 대령까지 폭이 넓으며, 외국군은 소령으로부터 예비역 장군까지 허용하고 있다.[30]

교육목표는 불특정 작전환경 속에서 지휘관의 성공적인 작전 보장을 위해 유관 기관 및 비정부기관(NGO), 국제기구(IO) 등을 효과적으로 통합할 수 있고, 창조적이고 효율적인 능력을 보유하고 있으며, **합동 및 연합군에 필요한 작전적 수준의 기획 및 계획 전문가를 양성**하는 것

---

26 NDU JFSC, Joint Advanced Warfighting School (JAWS): Student Handbook Academic Year 2017-2018 (D.C.: NDU JFSC, 2017), pp. 15-16.

27 U.S. Joint Chief of Staff, *op. cit.*, A-B, p. 2.

28 U.S. Joint Chief of Staff, *op. cit.*, A-A, p. 7.

29 구성 비율은 통상 미군(91%), 외국군(8%), 정부기관(1%)이다.

30 한국군도 육군에서 매년 소령 2명을 위탁교육 보내고 있다.

이다.

교육 중점은 합동 및 연합작전 기획 시 전략목표 달성을 위한 분석 능력 배양과 실습을 통한 합동참모장교로서의 기본적인 능력을 배양하는 것이다.

교육과목은 '국가안보전략', '전역 및 전구 전략', '합동전략기획', '합동작전기획', '전역계획', '군사대비계획', '위기조치계획 수립 실습' 등으로 구성된다. 반 편성은 250명을 총 14개 반으로 구분하여 1개 반당 16~18명씩 편성한다. 반별 담임 교관은 현역 2명과 예비역 교수 1명씩 편성한다. 교육 방법은 강의보다는 대부분 학생장교들에 의한 토의 및 실습으로 진행된다. 수업은 오전 위주로 진행되고, 오후에는 학생장교들의 발표 및 토의 준비와 졸업 시 제출해야 하는 공동 연구보고서 작성을 위한 자율학습시간이 부여된다. 평가방식은 절대평가로서 3회의 시험과 조별 공동 연구보고서로 평가한다. **합격 시 미군의 경우는 '합동자격장교**(JQO)**'로 인증**된다.

'18년 4월 합동참모대학장 제프리 루스(Jeffrey Ruth) 준장 인터뷰 시 인상 깊었던 것은 비판적 사고 함양에 대한 관심이 매우 높다는 것이었다. 비판적 사고를 함양하기 위해 권장도서 목록에 의한 독서를 강조하고, 모든 과목 교육 시 전쟁사에 기초하여 진행하며, 토의는 다양한 사고를 이끌어내고 논리적 사고를 개발하는 데 초점을 맞추고 있다. 예를 들어 과목과 주제가 달라져도 항상 ① **"이 전쟁의 본질, 특성, 양상은 무엇인가?"** ② **"이 전쟁에서 대전략, 전략, 정책은 무엇이며, 어떻게 구현되었는가?"** ③ **"군 간, 유관 기관 간, 정부기관 간, 다국적 간 환경에서 어떻게 하면 효과적으로 역량을 통합하고 합동성을 발휘토록 할 수 있는가?"** ④ **"전·평시 고급 및 전략적 리더십의 도전과제는 무엇인가?"**를 질문하면서 문제의식을 갖도록 유도한다. 반면 작전계획수립

절차를 포함한 모든 교리는 기본적인 원리를 이해하고 참고하는 정도로 활용하고 있으며, 융통성 있는 적용을 강조하고 있다.

교육의 질을 높이기 위해 학생과 교수의 비율을 '합동고급전쟁수행과정'은 3.5 : 1, '합동연합전쟁수행과정'은 4 : 1을 유지하고 있다.[31] **교수진은 박사학위 소지자로서 특정 분야의 전문성과 탁월성이 입증된 민간 교수와 군 교수를 적절히 혼합 편성**하고 있다. 군 교수진은 현역의 경우 석사학위, 예비역의 경우 박사학위를 소지해야 하며, 군 교수진의 75%는 반드시 합동전문군사교육과정의 상위과정을 졸업했거나 합동전문 자격을 갖춰야 한다.[32] 특히 합동부대 근무경력과 전투참가경력을 보유한 우수자원을 교수진으로 활용하고 있다. 아울러 **예비역 장군의 경험과 전문성을 적극 활용**하고 있다. **'고위급 연구원 프로그램(Senior Fellow Program)'을 통해 반별로 예비역 장군을 1명씩 편성하여 학생장교들에게 경험을 전수하고 멘토링**할 수 있도록 하고 있다.

4. 합동전문인력에 대한 인사관리

미국은 합동전문인력을 체계적으로 육성 활용하기 위해 1986년 제정된 **「골드워터-니콜스 법(Goldwater-Nichols Act)」뿐만 아니라 「미국 연**

---

31 이것은 '스켈턴 위원회' 보고서에서 합동전문군사교육의 질을 향상시키기 위한 4개 요소 중의 하나인 "학생 대 교수진의 비율을 고급과정은 3.5 : 1, 중급과정은 4 : 1을 유지해야 한다"라는 원칙에 기반한 것이다. 참고로 나머지 3개 요소는 ① '군 교수진의 구성', ② '특정 교육이나 경험을 가진 군 교관의 비율', ③ '학급 학생 구성'으로 합동참모대학은 이를 충실히 반영하고 있다. Anna T. Waggener, "Joint Professional Military Education: A Retrospective of the Skelton Panel," JFQ 77 (2nd Quarter 2015), pp. 56-57.

32 Ibid, p. 57.

방법」,[33] **「국방수권법」**[34] **등을 통해 국가적 차원에서 관리**하고 있다. 특히 「골드워터-니콜스 법」의 핵심은 '합동전문군사교육(JPME)'을 강화하고 '합동특기제도(Joint Special System)'를 신설하는 등 합동전문인력을 체계적으로 육성 관리하는 데 있다. **합동특기제도는 합동전문군사교육을 수료한 장교가 합동직책에서 근무할 때 '합동특기장교(JSO)'로 지정함으로써 교육과 보직을 연계**시키는 것이다. 이를 통해 합동업무에 관하여 경험과 교육을 받은 장교들의 인재 풀(pool)을 창출하고 합동직책을 수행하는 장교들의 안정성을 향상하는 것이 핵심적인 목표였다. 이 법에 의해 합동특기장교의 지정, 보직, 진급 등 인사관리에 관한 세부적인 사항들이 규정화되었다. 예를 들어 국방장관에게 최소한 1천 개 이상의 합동직위를 식별토록 하고, 합동특기를 보유하고 있는 장교가 자군에서 근무하는 장교에 비해 진급에 손해 보지 않도록 보장해야 하며, 각 군 진급심사위원회 구성 시 합동직위에서 근무하는 장교를 반드시 포함하고 심사 결과를 합참의장이 검토하도록 명시했다.

1986년 합동특기제도 시행으로 합동전문군사교육으로 배출된 우수인력을 합동직위보직-합동자격부여-진급 등 연계성 있게 인사관리함으로써 합동전문인력을 체계적으로 육성하는 계기가 되었다. 또한 합동전문인력 육성 정책을 지속적인 시행한 결과, 미군의 고질적인 개

---

33 「미국 연방법」 제10조 제38장 '합동장교관리'에는 국방장관에게 합동장교에 대한 효과적인 인사관리 정책 및 절차를 발전시키도록 책임을 부여함으로써 합동전문인력 육성에 대한 국가적 차원의 관심을 기울이고 있다. 10 U.S. Code § 661.Management policies for joint qualified officers, https://www.law.cornell.edu/uscode/text/10/661(검색일: 2019. 8. 20)

34 「2007년 국방수권법(NDAA '07)」 516조에는 국방부 장관에게 합동자격 등급과 기준 설정과 관련하여 자세하게 지침을 주고 있다. 세부적인 내용은 제5장 제3절 참조. https://www.govinfo.gov/content/pkg/PLAW-109publ364/html/PLAW-109publ364.htm(검색일: 2020. 2. 28)

혁과제로 지적되었던 합동성 문제가 점진적으로 개선되었으며 그 효과는 걸프전의 성공으로 나타났다. 걸프전 시 사령관이었던 슈워츠코프(Norman Schwarzkopf) 장군은 상원군사위원회에 출석하여 "「골드워터-니콜스 법」 덕분에 사령부에 배속된 모든 장교의 자질이 엄청나게 향상되었다"[35]라고 증언했을 정도다.

〈그림 3-1〉 합동자격제도(Joint Qualification System)

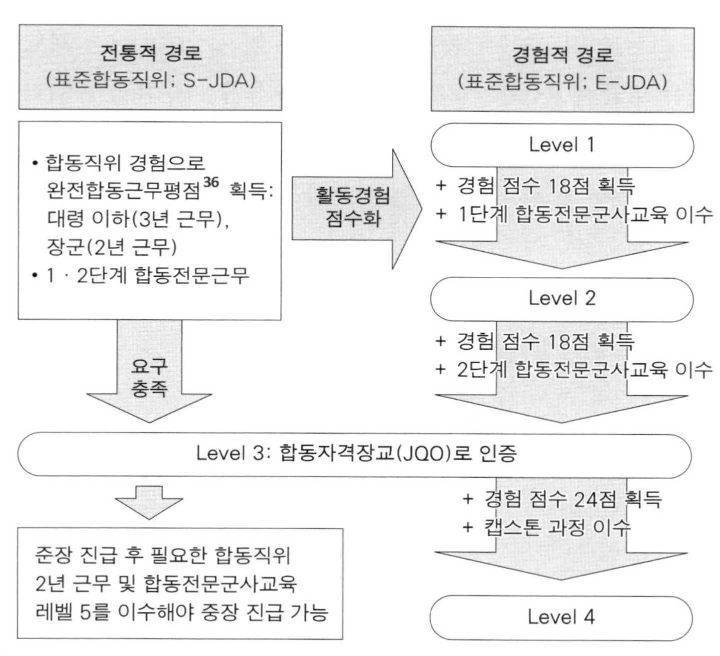

* 출처: Office of the Deputy Under Secretary of Defense(MPP), Joint Officer Management: Joint Qualification System(JQS)-101 (Office of the Secretary of Defense, 2007), p. 12.

---

35 김인태, 앞의 글, 75쪽.

36 '완전합동근무평점(Full Joint Duty Credit)'은 표준합동직위 근무 시 기간에 따라 '합동근무평점(Joint Duty Credit)'을 부여받는데, 완전합동근무평점을 받으려면 대령 이하는 3년, 장군은 2년을 근무해야 한다.

2001년 9.11 테러사건과 2003년 이라크전쟁 등 안보환경 변화에 따라 미국은 합동전문인력 인사관리 시스템을 더욱 합리적으로 보완했다. 앞의 〈그림 3-1〉과 같이 **2007년부터 기존의 '합동특기제도**(Joint Special System)**'를 포괄하는 '합동자격제도**(Joint Qualification System)**'로 개편하여 시행**하고 있다. 이 제도는 기존 합동특기제도의 방식을 전통적 경로로 유지하면서도 경험적 경로를 추가했다.

여기서 중요한 점은 기존에는 합동교육을 받아도 일정 기준 이상의 합동직위를 경험해야 '합동자격장교'가 될 수 있었으나, **제도 개선 이후에는 고급 수준**(2단계 교육기관)**의 합동교육을 이수하면 졸업과 동시에 국방장관이 '합동자격장교**(Joint Qualification Officer)**'로 인증**해준다는 것이다. 즉, 합동자격을 4개의 레벨로 등급화하고, 레벨별 필요한 합동근무경험을 점수화하여 합동경험 누적점수와 필수합동교육 이수 여부에 따라 합동자격 등급을 부여하는 것으로, 3등급을 획득하면 '합동자격장교(JQO)'로 인증받는다. 기존의 합동특기제도에서 명시한 '표준합동직위(Standard Joint Duty Assignment)'에 규정된 기간만큼 근무하지 않더라도 근무한 기간을 점수화하고, 합동 연습이나 훈련에 참가하는 것도 점수화하여 누적된 점수로 합동자격 등급을 획득할 수 있도록 했다. 점수를 산출하는 방식은 경험기간, 경험의 종류, 경험의 중요도 및 강도 등을 고려하여 정밀하게 관리하고 있다.[37] 또한 대상은 현역 장교뿐만 아니라 예비역 장교들도 포함하여 문호를 확대했다.

여기서 '레벨 1'은 양성교육과 초등군사반을 수료한 장교에게 부여되며, 이후 합동경력, 합동훈련, 합동연습, 기타교육을 통해 합동자격

---

37 세부적인 점수 산출방식은 U. S. Department of Defense, DOD Joint Officer Management (JOM) Program, (Washington D.C.: Department of Defense, 2018), pp. 11-13 내용 참조.

점수를 획득할 수 있다. '레벨 2'는 합동자격점수를 18점 이상 획득하고 합동전문군사교육 1단계를 성공적으로 수료해야 하며 합참의장이 인증한다. 레벨 3은 비로소 합동자격장교가 되는 단계다. '레벨 2'를 획득한 이후에 합동자격점수를 18점 이상 획득하거나 합동전문군사교육 2단계를 성공적으로 수료해야 하며 국방장관이 인증한다.[38] '레벨 3', 즉 합동자격장교가 되지 못하면 장군 진급이 제한된다. '레벨 4'는 준장 진급 후 합동자격점수를 24점 이상 획득하고 '캡스톤 과정'과 '피너클 과정'을 성공적으로 수료해야 하며 국방장관이 인증한다. '레벨 4'를 인증받지 못하면 통합군사령관, 합동군사령관, 각 군 참모총장 등 중장급 이상 진급이 제한된다.

미국은 합동전문군사교육과 합동직위 보직을 긴밀히 연계시키고 있다. **특히 합동고급전쟁수행과정**(JAWS) **졸업자들은 합동직위에 100% 재배치하는 조건으로 선발**하도록 되어 있다.[39] 또한 합동전문자격을 구비한 장교들이 진급에서 우선적인 고려를 받을 수 있도록 다양한 제도적 장치를 마련하고 있다. 예를 들어 각 군의 진급선발위원회 구성 시 합참의장이 지명한 합동 차원의 대표를 반드시 포함하도록 하고 있고, 진급심사 결과를 국방장관에게 보고하기 전에 합참의장이 검토하도록 되어 있으며, 국방장관은 매년 합동전문자격을 구비한 장교들의 진급상태를 국회에 보고하도록 하는 등 합동전문인력에 대한 인사관리를 철저히 하고 있다.

이처럼 미국은 합동전문인력 육성을 위해 국가적 차원에서 지대한

---

38 레벨 2와 레벨 3에 명시된 18점씩의 합동자격점수 대신 기존 합동특기제도에 명시된 표준합동직위에 근무하여 '완전합동근무평점(Full Joint Duty Credit)'을 받아도 동일하게 인정된다.

39 U.S. Joint Chief of Staff, *op. cit.*, A-B, p. 2.

관심을 갖고, 「골드워터-니콜스 법(Goldwater-Nichols Act)」, **'스켈턴**(Skelton) **보고서', 합참의장에 의한 강력한 합동교육 및 인사관리 통제시스템, 2단계 '합동전문군사교육**(JPME)**'제도, '합동자격제도**(Joint Qualification System)**', 합동장교 인사관리제도 등 다양한 정책적·제도적 장치를 구축**하여 발전시켜왔다. **특히, 선발-교육-보직-진급 등 교육과 인사관리를 긴밀히 연계시킴으로써 합동성을 강화되고 세계 최강의 군대로 자리매김하는 등 정책효과를 발휘**하고 있다.

제2절 영국의 합동전문인력 육성정책

1. 합동성과 합동전문인력 육성에 대한 국가적 관심

영국도 미국과 마찬가지로 합동작전과 합동성, 그리고 합동전문인력에 대한 국가적 관심이 매우 높다. 영국은 18세기 중반부터 시작된 산업혁명의 발원지이자 제일 먼저 산업화된 나라로 20세기 초반까지 세계 영토의 1/4을 차지할 정도로 최강대국이었다. 전통적으로 해군이 강한 나라로서 해군과 육군은 별도의 장관 통제하에 있었다. 해군은 1805년 트라팔가르(Trafalgar) 해전에서 넬슨 제독이 이끄는 영국 지중해 함대가 프랑스-에스파냐 연합함대를 격멸하고 제해권을 장악함으로써 나폴레옹 시대의 종말을 이끌어냈고, 육군은 1815년 웰링턴(Arthur Wellesley Wellington) 장군이 지휘하는 영국-프러시아 연합군이 워털루(Waterloo) 전투에서 나폴레옹군에 승리하기도 했다.

합동성 문제가 처음으로 제기된 것은 크리미아(Crimea) 전쟁을 통해서였다. 영국은 1853~1856년 러시아와 크리미아 전쟁을 치르면서 많은 문제점[40]이 노출되었으며, 전쟁 종료 후 여러 개혁을 추진하면서

40 최종적으로 전쟁은 승리했으나 연합국 중에는 영국이 참전 규모에 비해 전사자가 4만 5천여 명으로 가장 많았으며, 사망 원인은 대부분 기아와 질병, 추위, 지휘관의 무능으로 인한 것이었다. 그래서 영국에게 크리미아 전쟁은 '실패한 전쟁'으로 비판받았으며,

해군과 육군의 협력 문제를 논의하기 위해 처음으로 '헌팅턴 위원회(Huntington Committee)'라는 임시 기구를 설치했다. 합동성 문제 해결을 위해 본격적인 조치가 이루어진 것은 제1차 세계대전 종료 이후부터였다. 각 군 간의 협조가 미흡했다는 문제인식을 바탕으로 1919년 '국방위원회(National Defense Committee)'를 부활시키고, 1924년에는 '참모총장위원회(Chief of Staff Committee)'를 설치했다. 이를 통해 각 군 간의 활동과 요구를 조정하는 사항에 대해 국방위원회에 조언을 제공하고, 그 예하에 전략계획 소위원회를 설치하여 합동전략계획을 입안하도록 했다.[41]

제2차 세계대전 종료 직후인 **1946년 각 군을 효과적으로 통제하기 위해 국방부를 창설하고, 국방장관 예하에 참모총장 직제를 만들었으며, 1947년에는 '합동방위대학**(Joint Service Defence College)**'[42]을 창설**했다. **1964년 국방기구를 전반적으로 재편하여 각 군 참모본부를 통합하여 국방참모본부를 구성**했다. 즉, 국방참모총장에게 각 군 참모총장에 대한 군령권을 부여함으로써 합동성을 대폭 강화한 것이다.[43] 미국이나 한국이 채택하고 있는 합동군제는 군령권은 합참의장에게, 군정권은 각 군 총장에게 부여하고 있는 데 반해 **영국의 지휘구조는 이보다 더**

당시 에버딘(Aberdeen) 수상이 이끌던 내각이 사퇴하는 계기가 되었다. 근본 원인은 19세기 산업화와 과학화로 전쟁의 성격이 변화되었음에도 각종 군사제도가 뒷받침되지 못한 데 있다.

41 김효중 · 박휘락 · 이윤규, 앞의 글, 24쪽.

42 '합동방위대학(Joint Service Defence College)'은 1991년 '국방대학(National Defence College)'으로 개편되었다가 1983년 다시 '합동방위대학'으로 환원되었고, 1994년 '합동지휘참모대학(Joint Service Command & Staff College)'이 창설되면서 해체되었다.

43 군정권은 국방사무차관이 각 군 참모총장을 통제한다. 또한 전시에 각 군 참모총장은 군령권이 배제되고 국방참모총장이 직접 작전부대를 지휘하게 함으로써 국방참모총장에게 강력한 권한을 부여하고 있다. 공군본부, 『2018 외국 군구조 편람』(국군인쇄창, 2019), 149쪽.

강력한 형태다.

포클랜드(Falkland) 전쟁[44]이 끝난 다음 해인 1983년 합동작전을 원활하게 하기 위해 국방참모총장 직속 기구인 '상설합동작전본부(Permanent Joint Headquarters)'를 설치하여 합동작전 계획·준비·실시를 전담하게 하고, 각 군 간의 통신과 정보를 통합했다.[45] 1991년 다국적군으로 걸프전에 참전한 이후 합동성 강화와 합동전문인력 육성의 중요성을 재인식하고 국방개혁을 추진했다. 1994년 합동성 강화 관련 법안이 통과됨에 따라 '합동신속전개군(Joint Rapid Deployment Force)'을 창설했으며, '국방획득본부'를 창설하여 합동 차원에서 획득 및 조달 업무를 수행하도록 했다. 또한 합동 차원에서 통합할 수 있는 병원을 비롯한 여러 부대와 기관들을 과감하게 통합했다.[46]

특히 **합동성을 강화하기 위해 1997년 '합동지휘참모대학**(Joint Service Command & Staff College)**'을 창설**했다. **기존의 '합동방위대학**(Joint Service Defence College)**'과 각 군 대학을 폐지하고 '합동지휘참모대학**(JSCSC)**'에 통합시킴으로써 각 군 참모총장이 아닌 국방장관 통제하에 영관장교에 대한 합동교육체계를 확립**했다.[47] 아무리 합동교육을 강화해도 각 군

---

44 1982년 5월 4일 포클랜드 전쟁이 아르헨티나의 패전으로 끝나긴 했지만, 예상보다 긴 75일간 진행됐고 영국 최첨단 구축함인 '셰필드호'가 아르헨티나 군함에서 발사된 미사일에 명중하여 침몰하는 등 영국군의 희생도 컸다. 영국은 자존심에 큰 상처를 받았고, 국내외적으로 많은 비판을 받았다. 특히 해군이 주도한 작전에서 공군과의 협조와 소통 부족이 핵심 원인으로 지적되었다.

45 문승하, 『우리 군의 합동성 진단 및 합동성 강화 발전방안』(한국국가전략연구소, 2016), 36쪽.

46 합동작전 능력 향상을 위해 2012년에는 국방참모총장 예하에 합동군사령부(JFC), 합동개념 및 교리부서 등을 편성했다. 위의 글, 37쪽.

47 한국군의 합동군사대학교의 경우는 각 군 대학을 그대로 유지하면서 통제하는 형태의 통합이나, 영국군의 경우는 각 군 대학을 해체하여 '합동지휘참모대학'으로 재편성하는 형태의 통합이다.

본부 통제하의 각 군 대학체제하에서는 한계가 있다고 본 것이다. 각 군 대학에서 자군 중심주의와 분파주의를 교육할 수 없도록 영관장교 교육기관을 근본적으로 합동부대로 편성한 것이다. **육·해·공군 등 다양한 교직원들이 합동지휘관인 합동지휘참모대학교 총장의 통제하에 오로지 국익과 국방, 합동의 관점에서 각 군 교육을 포함한 영관장교 교육을 하도록 시스템을 구축**했다는 데 의미가 있다.

2. 합동전문인력 육성을 위한 국방교육체계

영국은 기본적으로 **장교 군사교육을 '장교경력관리 프로그램**(Officer Career Development Programmes)**'의 일환**으로 보고 있다.[48] 이 프로그램의 목적은 장교들이 스스로 적극적인 잠재능력 개발에 참여하도록 하여 계급별로 필요한 전문성을 극대화하는 데 있다. 핵심은 군 생활 전반에 걸쳐 군사교육과 보직을 긴밀히 연계하되 '선교육 후진급 및 보직'을 원칙으로 하고 있다.

경력관리 프로그램은 3단계로 구성된다.[49] 1단계는 양성교육부터 소령 진급 직전 대위까지의 기간으로, 임관기준 약 7~8년까지의 기간이다. 각 군 본부 통제하에 이루어지며, 자군 교육을 위주로 한다. 1단계 경력관리 모델은 육군의 경우 각 군 사관학교 등 임관 전 양성교육

48 UK Military Officer Career Development Programmes, https://bootcampmilitaryfitnessinstitute.com/military-training/armed-forces-of-the-united-kingdom/uk-military-officer-career-development-programmes/(검색일: 2019. 9. 13)

49 이하 세부내용은 UK ARMY, The Officer Career Development Handbook (Joint Service Command & Staff College, 2017), pp. 5-67 참조.

과정을 마친 후 소위로 임관하여 군사훈련을 받고 소대장으로 보직된다. 소대장 근무 후 임관 3년 차가 되면 4주간의 '초급장교전술이해과정(JOTAC)'을 마쳐야 하며, 그래야 대위로 진급하여 중대장 및 참모 근무를 할 수 있다. 중대장 보직을 마친 임관 5~6년 차 대위들은 8주간의 '초급지휘참모과정(JCSC)'에 입교해야 한다. 여기서는 여단급 제대의 참모업무를 집중적으로 교육하며 합동교육은 국방정책 및 군사작전에 대한 포괄적 이해 함양에 중점을 둔다. 이 과정을 마치면 2차 중대장 또는 여단급 참모로 보직된다.

2단계는 소령부터 중령 대대장까지의 기간으로, 모든 군사교육은 합동성을 고려하여 '합동지휘참모대학(JSCSC)'을 중심으로 이루어진다. 먼저 '중급지휘참모과정(ICSC)'은 임관 8~10년 차의 모든 소령 진급 예정 대위와 소령을 대상으로 하며, 합동지휘참모대학(JSCSC) 예하 '육·해·공군 부(division)'에 의해 이루어진다. 육군은 30주, 해군과 공군은 8주간 교육이 진행되며, 과정 목표는 분석력, 의사소통 능력, 전문지식과 이해력을 개발하고 중간 사령부급[50] 참모수행 능력을 배양한다. 합동교육은 국방정책, 전략적 환경 평가, 국방(합동) 작전 원칙, 합동 및 연합 작전 등을 위주로 하고 대부분 자군 교육을 위주로 한다. '고급지휘참모과정(ACSC)'은 대대장으로 보직될 육·해·공군 중령 진급 예정의 소령과 장차 대령으로 진급할 수 있는 잠재역량을 갖춘 중령 등 약 300명을 선발하여 약 1년(45주)간 집중교육하며, 합동전문인력을 육성하기 위한 고급 수준의 전문과정이다.

3단계는 대령 이상의 기간으로, 먼저 합동지휘참모대학(JSCSC)의 '일반참모과정(General Staff Induction Course)'은 모든 육·해·공군 대령 진

---

50 육군의 경우 사단 또는 군단 사령부 등을 의미한다.

급 예정자를 대상으로 하는 5일간의 단기 직무보수 교육과정이다. 합동지휘참모대학(JSCSC)의 '상급지휘참모과정(Higher Command & Staff Course)'은 육·해·공군 대령과 준장, 국방부 공무원 등 30여 명을 대상으로 하는 14주간의 합동교육과정이다. 주로 국방전략, 작전술 및 전역구상, 합동 및 다국적군 작전, 고급사령부 참모업무 등 작전적·전략적 수준을 중점적으로 다룬다. 국방대학교(Defence Academy)의 '왕립국방연구과정(Royal College of Defence studies)'은 육·해·공군 대령과 준장, 공무원 등을 대상으로 하는 10개월간의 교육과정으로, 외국군 장교 60여 명을 포함하여 매년 100여 명을 교육한다. 교육 중점은 장차 지도자로서 필요한 국방정책, 국제정치 및 관계, 안보전략 등 주로 정책적 수준의 교육에 집중한다. 기타 '여단장 과정(Brigade Commander Program)', 준장 진급자를 대상으로 한 '국방전략 리더십 과정(Defence Strategic Leadership Programme)', '사단장 과정(Army Generalship Program)' 등 진급자를 대상으로 하는 단기 교육프로그램들이 있다.

3단계 경력관리 모델에 따른 단계별 교육과정과 합동교육의 중점을 도표로 정리하면 다음 〈표 3-3〉과 같다.

〈표 3-3〉 영국군의 교육과정 및 합동교육 중점

구분	계급	교육 기관 및 과정	합동교육 중점
1단계	사관생도	각 군 사관학교 등	자군 교육에 집중, 합동 관련 소개교육
	중위	초급장교전술이해과정(JOTAC): 4주	자군 교육에 집중
	대위	초급지휘참모과정(JCSC): 8주	자군 교육에 집중, 국방정책 및 군사작전에 대한 포괄적 이해 포함

구분	계급	교육 기관 및 과정	합동교육 중점
2단계	대위, 소령	합동지휘참모대학(JSCSC)의 중급지휘참모과정(ICSC): 육군(30주), 해 · 공군(8주)	자군 전술 교육에 집중, 국방정책, 전략적 환경 평가, 국방(합동) 작전 원칙, 합동 및 연합 작전 등 포함
	소령, 중령	합동지휘참모대학(JSCSC)의 고급지휘참모과정(ACSC): 1년	안보환경, 국방정책, 국방 운영, 전략, 단일 군 · 합동 · 연합 · 다수기관 작전, 리더십 등 합동교육에 중점
3단계	대령	일반참모과정(GSIC): 5일	주요 현안 및 정책 소개 위주
	대령, 준장	합동지휘참모대학(JSCSC)의 상급지휘참모과정(HCSC): 14주	국방전략, 작전술 및 전역 구상, 합동 및 다국적군 작전, 고급사령부 참모업무 등 합동교육에 중점
	대령, 준장	국방대학교(NDA)의 왕립국방연구과정(RCDS): 1년	장차 지도자로서 필요한 국방정책, 국제정치 및 관계, 안보전략 등 주로 정책적 수준의 교육에 집중
	대령	여단장 과정(BCP): 4일	주요 현안 및 정책 소개 위주
	준장	국방전략리더십과정(DSLP): 6일	전략적 리더십 평가 및 개발
	소장	사단장 과정(AGP): 3주	주요 현안 및 정책 소개 위주

* 출처: UK ARMY, *op. cit*., pp. 5-67 내용을 도표로 요약정리

영국군은 학교기관에서 하는 군사교육 외에도 E-러닝에 의한 원격교육과 리더십 개발 프로그램(LDP)[51]을 강조한다. 원격교육 프로그램은 '원격 임관 이전과정(MK RMAS)', '원격 초급전술이해과정(MK JOTAC)', '원격 초급지휘참모과정(MK JCSC)', '원격 중급지휘참모과정(MK ICSC)'

---

51 참고로 리더십 개발 프로그램은 군생활 간 지속적으로 연계되어 있으며, 특히 초급장교에 대한 리더십 개발을 위해 3단계의 '초급장교 리더십 개발 프로그램(JLDP)'을 운용하고 있다. 1단계 양성과정 프로그램과 2단계 연대급 이하 제대의 실무경험을 거쳐 3단계는 6개월 이상 소대장 경험자에 대한 5일간의 소집교육으로 이루어진다.

등으로 임관 이전부터 소령 진급 이전까지 지속적인 자기주도학습을 하도록 유도하고 있는데, 소령을 대상으로 한 '원격 중급지휘참모과정(MK ICSC)'에는 합동성 관련 과목을 일부 포함하고 있다.

3. 합동전문인력 육성을 위한 전문교육과정: '합동지휘참모대학(JSCSC) 고급지휘참모과정(ACSC)'

영국은 1982년 포클랜드 전쟁과 1991년 걸프전 이후 국방개혁을 추진함에 있어 **합동성을 강화하기 위한 조직개편과 함께 합동성을 갖춘 전문인력 육성을 매우 중요한 과제로 인식**했다. **그 결과 합동성을 강화하기 위해 교육기관부터 통합**했다. 1997년 기존의 각 군 대학과 '합동방위대학(Joint Service Defence College)'을 통합하여 **'합동지휘참모대학(Joint Service Command & Staff College)'을 창설**하고 모든 영관장교 군사전문교육을 여기서 담당하도록 했으며, 2006년부터는 완전한 합동교육과정으로 교육하고 있다.[52] **'합동지휘참모대학(JSCSC)'의 임무는 '중급지휘참모과정(ICSC)', '고급지휘참모과정(ACSC)', '상급지휘참모과정(HCSC)' 등 합동교육을 통해 육·해·공군 영관장교들의 합동성과 작전역량을 개발하고 세계적 수준의 지휘관 및 참모를 육성**하는 것이다.

'고급지휘참모과정(ACSC)'은 합동전문인력을 육성하기 위한 대표적인 전문교육과정이다. 교육기간은 45주(약 1년)이며, 연간 1개 기수를

---

52 위치는 1997년 브랙넬(Bracknell)에서 창설되었다가 2000년 현재의 쉬리벤험(Shrivenham)으로 이전했다. 지휘관계는 최초 국방부 직할에서 2002년 '국방대학교(Defence Academy)'가 창설되면서 그 예하 기관으로 조정되었다. 국방교육정책관실, 「공무출장 귀국보고서(선진국 국방교육훈련제도 및 동향 연구)」(국방부, 2010), 16쪽.

운영한다. 인원은 약 300명으로 육·해·공군 소령 및 중령 190여 명과 외국군 100여 명, 그리고 국방부 공무원 10여 명이 포함된다. 영국군 입교대상은 진급심사위원회에서 장차 대령으로 진급할 수 있는 잠재역량을 갖춘 상위 20%의 소령 및 중령 장교를 선발한다.[53] 외국군은 유럽, 미주, 오세아니아, 아프리카, 중동, 아시아 등 세계 50여 개국 100여 명에 대해 입교를 허용한다. 이렇게 외국군 장교를 많이 받는 이유는 2003년 이라크전 이후 연합 및 다국적 작전의 중요성이 부각됨에 따라 외국군 및 외국문화에 대한 이해를 높이기 위해 점차 확대되었다.[54]

교육목표는 학생장교들에게 각 군 및 합동·연합 작전과 국방업무 전반에 대한 폭넓은 지식과 이해를 제공함으로써 지휘, 분석, 의사소통 능력을 개발하는 것이다.

교육 중점은 선발된 장교들이 졸업 후 높은 수준의 임무수행 능력을 갖출 수 있도록 단일 군, 합동, 연합 및 다수 기관 간 작전의 중요성을 인식토록 하고, 국방 운영에 대한 높은 이해력을 갖추도록 하며, 정치적·국제적·재정적 환경에서의 안보·국방·전략에 대한 포괄적 이해력을 높이는 데 두고 있다. 특히 학생장교들이 전문지식을 효과적으로 응용하고, 분석력, 논리적인 판단력, 의사소통 및 의사결정능력을 배양하는 데 중점을 두고 있다.[55]

교육은 45주 동안 1학기 '전략', 2학기 '작전', 3학기 '심화학습'의 3개 학기로 구성된다. 교육내용은 먼저 1학기인 전략 학기에는 국제안보연구, 외교안보정책, 각 군 소개, 전략 이론과 실제, 리더십, 국외 현장

---

53 이용경, 「선진우방국 지휘참모대학 교육소개」, 『군사평론』 제454호(합동군사대학교, 2018), 42쪽.

54 합동군사대학교, 「우방국 합동교육부대 방문 귀국보고서」(합동군사대학교, 2017), 16쪽.

55 UK ARMY, *op. cit.*, pp. 49-50.

학습(1차) 등 주로 국제환경과 영향요인에 대한 이해와 분석에 초점을 둔다. 2학기인 작전 학기에는 국방기획관리, 합동전력, 전역 및 작전계획 수립, 워게임(1 · 2차) 등 주로 단일 군, 합동, 연합 및 다수 기관이 참여하는 다양한 환경에서의 군사적 충돌 및 교전에 사용되는 군사역량을 이해하고 작전 기획 및 계획 능력을 배양하는 데 중점을 둔다. 3학기인 심화학습 학기에는 정책 및 전략, 작전, 획득 및 군수의 3개 모듈 중에서 1개 분야를 선택하여 집중적으로 전문성을 함양하고, 워게임(3차), 국외 현장학습(2 · 3차) 등을 통해 포괄적인 이해력을 완성하는 데 중점을 둔다.[56]

반 편성은 300여 명을 100여 명씩 3개 '반(division)'으로 구분하고, 반별 약 14명 단위로 8개의 '조(syndicate)'를 편성한다. 이때 조별 구성은 합동성을 고려하여 육 · 해 · 공군과 외국군 장교, 정부기관 민간인을 모두 포함하여 편성한다. **담임 교관은 조별로 현역 1명과 민간(예비역) 교수 1명씩 편성하며 가급적 합동성을 고려하여 군별로 다양하게 구성**한다.[57]

교육 방법은 대부분 전체 강의 또는 강연(25%) **후 조별 발표 및 토론**(35%), **실습 및 현장학습**(15%) **순으로 진행**되며 개인 연구시간(25%)을 충분히 반영한다. 이를 구체적으로 살펴보면 다음과 같다.

강연은 국방장관, 국방참모총장, 각 군 참모총장, 아프간 전쟁 등 참전 지휘관, 국방부 주요 참모, 미국 및 중국 대사, 연구소장, 언론사 및 기업인 대표, NGO 단체 등 고위급 인사 및 다양한 전문가들을 초청하여 토론하는 기회도 많이

---

56 배태형, 「영국 합참대 군사교육체계」, 『2018 교육발전 세미나 자료』(합동군사대학교, 2018), 6쪽.

57 배태형, 위의 글, 6쪽.

부여한다. (중략) **조별 발표 및 토론은 사전에 개인 연구시간을 활용한 선행학습으로 1일 100쪽 분량의 독서과제가 부여**된다. 토론 진행은 지도교수 및 교관에 의해 유도되나 학생장교들의 다양한 생각과 경험이 공유될 수 있도록 중재자 및 촉매자 역할에 한정한다. (중략) **현장학습은 학기별 학습과목과 연계하여 각 군 부대방문 및 전투력 시범 참관, 국제안보 및 외교안보정책 이해를 위한 NATO 및 유럽국가 방문**(1주), **프랑스 노르망디에서의 전역계획 수립 실습**(1주), **지역안보 실습을 위한 유럽국가 방문**(1주) **등** 다양한 기회가 부여된다. (중략) **워게임은 총 3회 실시하는데, NATO 주요 국가들 지휘참모대학과 연계하여 합동뿐만 아니라 연합작전 수행능력을 배양**할 수 있도록 하고 있다.[58]

특징적인 것은 비판적 사고능력 배양을 위해 논문작성에 많은 비중을 두고 있다. **학기별 1편씩의 논문**(국제안보 논문, 전략 및 정책 논문, 작전학 논문)**과 졸업논문까지 총 4편의 논문을 작성해야** 한다.[59] 평가도 논문평가(35%), 관찰평가(30%), 시험평가(27%), 구술평가(8%)로 논문평가 비중이 가장 높다. 평가방식은 절대평가를 적용하되 상위 10%의 성적 우수자는 성적표에 명시된다.[60]

또한 런던 킹스칼리지 대학(King's College London)과 협약을 맺어 **고급지휘참모과정**(ACSC) **학생장교 중 희망자는 합동지휘참모대학 내에 설치되어 있는 킹스칼리지 대학 군사학부에서 석사과정을 병행**할 수 있다. 이 경우, 고급지휘참모과정 3개 학기에 이수하는 과목들이 모두

---

58 곽근호, 「영국 합동 지휘참모대 교육결과」(합동군사대학교, 2012), 6-7쪽.

59 졸업논문은 1만 자 이상, 기타 논문은 4천 자 이상의 소논문 형태다.

60 배태형, 앞의 글, 9쪽.

학점으로 인정되며, 부가적으로 2학기 중 몇 개의 선택과목을 이수하고 관련 선택과목 논문 1편(6천 자 이상)을 추가로 작성하면서 고급지휘참모과정 졸업논문 분량을 1만 5천 자 이상으로 보완하여 작성하면 런던 킹스칼리지 대학에서 수여하는 국방 관련 석사학위를 취득할 수 있다.[61]

4. 합동전문인력에 대한 인사관리

이처럼 **영국은 합동전문인력을 육성하기 위해 합동지휘참모대학(JSCSC)을 중심으로 모든 영관장교 교육을 합동으로 진행**하고 있으며, 계급별로 적합하게 교육할 수 있도록 중급지휘참모과정(ICSC), 고급지휘참모과정(ACSC), 상급지휘참모과정(HCSC) 등 다양한 과정을 일관성 있게 운영하고 있다. 특히 '선교육 후보직' 원칙을 철저히 적용하여 교육을 통해 전문인력을 육성하고, 이후 보직 및 경력관리를 통해 육성한 합동전문인력을 효과적으로 활용하고 있다.

또한 보편성과 수월성(秀越性)[62] 교육원칙을 적절히 조화시키고 있다. 중급지휘참모과정(ICSC)은 보편성에 기초하여 모든 소령급 장교들을 교육하는 과정이며, 고급지휘참모과정(ACSC)과 상급지휘참모과정(HCSC)은 수월성에 기초하여 일부 선발된 중·대령급 장교들에 대한 특별한 교육과정이다. 특히 고급지휘참모과정(ACSC)은 명실상부한 영국군의 합동전문인력 육성을 위한 대표적인 전문교육과정이다.

---

61 위의 글, 10쪽.

62 교육학에서 수월성을 고려한 교육은 남들보다 뛰어나고 우월한 능력을 가진 피교육자에 대해 그 능력을 개발하려는 교육프로그램을 의미한다.

입교 선발부터 진급심사위원회에서 최고의 우수자원을 엄선하여 입교시킨다. **또한 1년간 과정의 엄격한 평가에 합격한 졸업자에 대해서는 향후 대령까지 진급이 보장**된다. 영국군은 미군 같은 별도의 합동자격장교제도는 없지만, 고급지휘참모과정(ACSC)을 졸업했다는 것 자체가 향후 군을 이끌어갈 엘리트이면서 합동전문인력으로 인정된다. 졸업인원은 대부분 합동군사령부 등 합동직위에 보직된다. 대대장 직책은 합동직위 경력을 마친 고급지휘참모과정(ACSC) 졸업생 중에서 선발된다. 주한 영국 무관 휴 로이드 존스(Huw Lloyd-Jones) 준장은 '18년 5월 인터뷰 시 "영국군 3성 장군 이상 주요 직위자 중 고급지휘참모과정(ACSC) 졸업생이 아닌 경우를 찾아보기 힘들다"라고 할 정도로 영국은 합동전문인력을 체계적으로 교육하여 적재적소에 보직시키고, 진급시켜 지속적으로 활용하고 있다.

이처럼 **영국은 합동전문인력 육성을 위해 국가적 차원에서 지대한 관심을 갖고, 국방부와 국방참모총장 통제하에 교육과 인사관리가 긴밀하게 연계**되고 있다. **합동전문인력에 대한 선발-교육-보직-진급 등 교육시스템과 인사관리시스템이 긴밀히 연계되고 잘 작동함으로써 정책효과**를 거두고 있다.

제3절 비교 및 시사점

미국과 영국의 합동전문인력 육성정책을 비교해보면 몇 가지 공통적인 시사점이 있다. 그것은 **첫째, 합동성과 합동전문인력 육성에 대한 국가적 차원의 관심이 지대하여 다양한 정책적·제도적 장치를 구축**하고 있고, **둘째, 합동전문인력을 육성하기 위한 전문교육과정을 구축하여 내실 있게 운영**하고 있으며, **셋째, 이렇게 육성된 합동전문인력에 대해 합리적인 인사관리를 통해 합동전문인력 육성정책의 효과**를 거두고 있다는 점이다. 즉, 교육과 인사관리가 긴밀히 연계되어 정책이 효과적으로 작동하고 있다. 그러면서도 세부적으로 들어가면 두 나라의 역사와 환경의 차이로 인해 미시적인 차이점들도 발견된다. 이를 구체적으로 살펴보면 다음과 같다.

1. 합동성과 합동전문인력 육성에 대한 정책적 · 제도적 장치 구축

미국과 영국은 뿌리가 같은 나라다. 영국은 1607년부터 북미대륙 동해안을 개척하고 서쪽으로 원주민인 인디언을 몰아내어 13개의 식민지를 세웠다. 영국은 식민지의 자치권을 요구하는 민병대와 1775년부터 1783년까지 전쟁을 치렀다. 결과적으로 영국은 패배를 인정하고 미국의 독립을 승인하며 평화협정을 맺었다. 영국은 19세기부터 20세기까지 나폴레옹이 이끄는 프랑스와의 전쟁을 비롯하여 러시아와의 '크리미아 전쟁', 제1·2차 세계대전 등을 치르면서 국력이 점차 약화되었다. 반면 미국은 지속적으로 국력을 신장시켜 제2차 세계대전이 끝났을 때는 이미 패권국가의 위치가 영국에서 미국으로 전환되었다.[63]

미국과 영국은 제1·2차 세계대전을 통해 군사적 동맹체로 발전했기 때문에 합동성과 합동전문인력에 대한 인식도 비슷하다. 산업혁명으로 인한 무기체계의 비약적인 발전으로 인해 과거에는 별로 문제가 되지 않았던 육군과 해군의 협력과 합동작전 문제가 중요하게 부각되기 시작했다. 여기에 육군으로부터 독립하고 3군의 균형발전을 이루고자 하는 공군에 의해 이해가 상충하면서 양국 모두 합동성의 중요성을 인식하게 되었고, 이러한 문제를 해결하기 위해 합동성을 강화하고 합동전문인력을 체계적으로 육성하는 데 지속적인 관심과 노력을 경주해 왔다.

합동 문제를 먼저 인식하고 합동성을 강화하기 위해 좀 더 구조적인 노력을 기울인 것은 영국이었다. 미국이 1903년 스페인과의 전쟁 종료 후 육군과 해군의 합동작전을 조율하기 위해 처음으로 '합동위원회(Joint Board)'를 설치한 데 반해, 영국은 이보다 약 50년 앞선 1856년 크리미아 전쟁 종료 후에 '헌팅턴 위원회(Huntington Committee)'라는 기구를 설치하여 해군과 육군의 합동작전을 조율하기 시작했다. 제1차 세계대전을 거치며 각 군 간의 활동을 조정하기 위해 1919년 '국방위원회(National Defense Committee)', 1924년 '참모총장 위원회(Chief of Staff Com-

63 위키백과, https://ko.wikipedia.org/wiki/%EB%AF%B8%EA%B5%AD-%EC%98%81%EA%B5%AD_%EA%B4%80%EA%B3%84(검색일: 2019. 10. 28)

mittee)'를 설치했으며, 제2차 세계대전 종료 직후인 1946년 국방부를 창설하고 국방장관 예하에 참모총장 직제를 만들었다. 1964년에는 국방부에 '국방참모본부'를 창설하여 '국방참모총장'에 의해 3군을 통합 지휘토록 했다.

여기서 특징적인 점은 **국방참모총장이 평시부터 각 군 참모총장을 통제하여 작전부대를 지휘**한다는 것이다. 그리고 **전시가 되면 각 군 참모총장은 지휘계선에서 배제되고 국방참모총장이 직접 작전부대를 지휘하게 됨으로써 국방참모총장에게 강력한 권한을 부여**하고 있다. 일반적인 '합동군제'[64]하 '통제형 합참의장제'[65]가 군령권은 합참의장에게, 군정권은 각 군 총장에게 부여하는 데 반해, **영국의 지휘구조는 군정권과 군령권이 구분되어 있는 합동군제이면서도 국방참모총장이 각 군 참모총장을 통제하는 더욱 강력한 '통제형 합참의장제'** 형태다. **국방참모총장의 평시 각 군 총장에 대한 군령권을 통해 합동성을 보장**하고자 하는 것이다.

반면 미국은 기본적으로 '3군 병립제'의 틀 안에서 각 군 간 경쟁과 마찰 문제를 개선하려고 했다. 그래서 1947년 국방부와 합동참모본부 조직을 법제화하고, 1958년 합참의 권한을 일부 강화하기도 했지만, **합참의장은 별도의 군령권이 없고 장관에 대한 군령보좌만 하는 '비통제형 합참의장제'**를 발전시켰다.[66] 합참은 국방장관의 군사참모부 역할을 수행할 수 있도록 하되 별도의 명령 권한 없이 장관의 지휘사항

---

64 군 구조를 군종 중심으로 분류하면 '3군 병립제', '합동군제', '통합군제', '단일군제'로 분류할 수 있다. 좀 더 자세한 내용은 공군본부, 『2018 외국 군구조 편람』, 11쪽 참조.

65 군 구조를 지휘체계 중심으로 분류하면 '비통제형 합참의장제', '통제형 합참의장제', '합동형 합참의장제', '단일 참모총장제'로 구분할 수 있다. 좀 더 자세한 내용은 위의 책, 12쪽 참조.

66 위의 책, 29쪽.

을 그대로 전달하는 역할만 수행토록 했다.[67] 1986년 합동성을 강화하기 위해 제정된 「골드워터-니콜스 법」도 이러한 비통제형 합참의장제의 틀 속에서 합참의장과 합동참모본부의 권한을 더욱 강화하려는 것이었다.

이 법에는 비통제형 합참의장제의 한계 속에서 합동성을 강화하기 위해 교육과 인사관리를 통한 합동전문인력 육성에 많은 비중을 할애했다. 즉 합동전문인력 육성을 위한 합동교육제도, 합동특기제도, 보직, 진급 등 인사관리시스템을 법제화했다. 특히 합참의장에게 전문군사교육 정책 수립권한을 부여한 것은 매우 이례적이다. 왜냐하면 미국의 장교전문군사교육은 전통적으로 각 군 참모총장의 영역이었다. 그런데 합동전문군사교육뿐만 아니라 장교전문군사교육 정책 수립권한을 부여함으로써 합참의장은 「합참의장 지시 1800-01E: 장교 전문군사교육 정책(Officer Professional Military Education Policy)」, 「합동교육백서(CJCS Joint Education White Paper)」, 「합동장교 개발을 위한 합참의장 비전(CJCS Vision for Joint Officer Development)」 등을 통해 각 군을 통제하고 있다. 각 군이 이기주의에 빠지지 않고 합동성의 균형 잡힌 시각을 가진 장교를 육성하기 위해 전문군사교육의 방향을 제시해주고, 각 군의 전문군사교육이 합동전문군사교육과 긴밀히 연계되도록 하고 있다.

효과적인 합동전문인력 육성을 위해 미국이 '합참의장에 의한 합동전문군사교육 통제 체제'를 발전시켰다면, 영국은 '군사교육기관의 통합'에 주목했다. 영국은 1982년 포클랜드 전쟁과 1991년 걸프전을 통해 합동성을 갖춘 전문인력 육성을 매우 중요한 과제로 인식하고, 1997년 일대 교육혁신을 단행했다. 기존의 합동방위대학과 각 군 대학

---

67 Gordon Nathaniel Lederman, *op. cit.*, pp. 69-77.

을 폐지하면서 '합동지휘참모대학(JSCSC)'을 창설하여 기존의 영관장교 교육을 통합한 것이다. 핵심은 합동지휘참모대학에서 모든 영관장교 교육을 담당하면서 모든 교육을 합동교육과정으로 운영한다. 즉, 영국의 모든 군사전문교육은 3단계로 구분되는데, 1단계인 양성교육부터 소령 진급 직전 대위까지 기간의 모든 교육은 기존처럼 각 군 본부 통제하에 자군 교육을 위주로 하되, 2단계인 소령부터 중령 대대장까지 기간의 모든 군사교육은 합동성을 고려하여 합동지휘참모대학(JSCSC)을 중심으로 이루어진다.

미국의 경우는 각 군에서 합동전문군사교육기관으로 인증을 받은 여러 교육과정이 있는 반면, 영국은 합동지휘참모대학에서 운영하는 중급지휘참모과정(ICSC), 고급지휘참모과정(ACSC)으로 일원화하여 교육하는 점이 특징이다. 미국과 영국의 합동전문인력 육성을 위한 정책적·제도적 장치를 비교하면 다음 〈표 3-4〉와 같다.

〈표 3-4〉 미국과 영국의 합동전문인력 육성을 위한 정책적 · 제도적 장치 비교

구분	미국	영국
합동성 인식, 첫 조치	1903년 스페인과의 전쟁 종료 후 '합동위원회(Joint Board)' 설치	1856년 크리미아 전쟁 종료 후 '헌팅턴 위원회(Huntington Committee)' 설치
국방부, 합참 창설	1947년 국방부, 합동참모본부 창설	• 1946년 국방부 창설 • 1964년 국방참모본부 창설
상부 지휘구조	합동군제 + 비통제형 합참의장제	합동군제 + 통제형 합참의장제
합동전문인력 육성 정책방향	• 「골드워터-니콜스 법」, 「연방법」, 「국방 수권법」 등 국가적 차원에서 관리 • 합참의장에게 합동군사교육을 포함한 전반적인 군사교육정책 통제 권한 부여	영관장교 교육기관의 통합정책을 통해 각 군 중심주의를 구조적으로 차단, 합동부대로 편성하여 일원화된 합동전문인력 육성

구분	미국	영국
합동전문인력 육성 교육기관	합동참모대학, 국가전쟁대학, 각 군의 전쟁대학 등 합동전문군사교육 2단계 육성 요건에 합격하여 합참의장이 인증한 교육기관	합동전문인력은 합동지휘참모대학(JSCSC)에서만 육성
대표적인 전문 교육과정	합동참모대학(JFSC)의 합동고급전쟁수행과정(JAWS)	합동지휘참모대학(JSCSC)의 고급지휘참모과정(ACSC)

* 출처: U.S. Joint Chief of Staff, *CJCSI 1800.01E; Officer Professional Military Education Policy*와 UK ARMY, The Officer Career Development Handbook의 내용을 도표로 요약

이처럼 미국과 영국 모두 합동성과 합동전문인력 육성에 국가적 차원에서 지대한 관심과 노력을 경주해왔다. 또한 각국의 역사와 환경에 따라 합동성을 강화하기 위한 나름의 군 지휘구조를 발전시켜왔다. 군 지휘구조의 특수성과 연계하여 각국의 합동전문인력 육성정책 방향과 정책적·제도적 장치도 다소 차이가 있었다. 즉, **미국은 '합참의장의 군사교육 통제정책'을 중심으로, 영국은 '영관장교 교육기관의 통합정책'을 중심으로 발전시켜왔으며, 고급수준의 합동전문교육과정도 미국은 여러 교육기관을 운영하는 데 반해, 영국은 대한민국처럼 합동지휘참모대학**(JSCSC)**의 고급지휘참모과정**(ACSC) **하나만 운영**하고 있었다.

2. 합동전문인력 육성을 위한 전문교육과정 구축 운영

국방교육체계 면에서 미국과 영국은 군사교육을 전문교육(Professional Military Education)으로 인정하되 전문성의 정도에 따라 초급, 중급, 고급, 장성급 등으로 수준을 구분하고 있다. 또한 **영관장교의 합동군사교육을 2단계로 구분하여 1단계는 보편성의 원칙을 고려하여 소령을**

대상으로 공통적인 합동교육을 실시하고, 2단계는 수월성(秀越性)**의 원칙을 적용하여 1단계 교육을 마친 영관 장교 중에 우수인원을 선발하여 합동전문인력을 배출하기 위한 고급수준의 합동전문교육과정을 운영**하는 것도 동일하다. 대표적인 합동전문교육과정을 비교하면 다음 〈표 3-5〉와 같다.

〈표 3-5〉 미국과 영국의 합동전문교육과정 비교

구분	합동참모대학(JFSC)의 합동고급전쟁수행과정(JAWS)	합동지휘참모대학(JSCSC)의 고급지휘참모과정(ACSC)
교육기간	11개월	12개월(45주)
교육대상	육 · 해 · 공군 중령 및 대령	육 · 해 · 공군 소령 및 중령
교육인원	약 40명	약 300명
입교자 선발	졸업 후 합참 및 여러 합동전투사령부에서 전역기획 관련 직책을 수행할 수 있는 최고 우수자원 선발	진급심사위원회에서 장차 대령으로 진급할 수 있는 잠재역량을 갖춘 상위 20%의 인원 선발
교육목표	합동 기획능력과 전략적 사고능력을 갖춘 고도의 전문가 육성	각 군 및 합동 · 연합 작전과 국방업무 전반에 대한 폭넓은 지식과 이해를 제공함으로써 지휘, 분석, 의사소통 능력 개발
교육중점	졸업 후 합동직위 임무수행 능력을 개발함은 물론, 장차 고급 리더십을 발휘할 수 있는 역량을 함양하기 위해 작전기획 능력과 비판적 · 창의적 사고 개발	졸업 후 높은 수준의 임무수행 능력을 갖출 수 있도록 합동 및 연합 작전과 안보, 국방, 전략에 대한 포괄적 이해력을 높이며, 분석력, 논리적인 판단력, 의사소통 및 의사결정능력 등 배양
교육방법	• 대부분 세미나 식으로 진행 • 고위급 인사들을 초청, 토론 기회 많이 부여 • 현장학습 및 워게임 활발 • 비판적 사고 계발 강조, 논문작성	• 대부분 전체 강의 또는 강연 후 조별 발표 및 토론, 실습 및 현장학습 순으로 진행 • 고위급 인사들을 초청 토론 기회 많이 부여 • 현장학습 및 워게임 활발 • 비판적 사고 계발 강조, 논문작성

구분	합동참모대학(JFSC)의 합동고급전쟁수행과정(JAWS)	합동지휘참모대학(JSCSC)의 고급지휘참모과정(ACSC)
졸업자 학위 수여	군사전략 및 합동전역기획 석사 학위 수여	희망자는 런던 킹스칼리지 대학 군사 관련 석사과정 병행, 졸업 시 석사학위 수여

* 출처: U.S. Joint Chief of Staff, *CJCSI 1800.01E: Officer Professional Military Education Policy*와 UK ARMY, The Officer Career Development Handbook의 핵심 내용을 도표로 요약정리

위의 〈표 3-5〉에서와 같이 **미국과 영국의 합동전문육과정은 공통적으로 약 1년간의 교육기간을 적용하며, 교육목표와 중점 면에서도 합동작전기획 능력뿐만 아니라 전략적 사고 능력, 비판적 사고 능력, 창의력, 분석력, 판단력 등 지략**(智略)**을 강조**하고 있다. **교육 방법 면에서도 세미나식 수업, 고위급 인사 초청, 독서, 발표 및 토론, 현장학습, 워게임, 논문작성, 구술시험 등 거의 같다. 장차 활용성을 고려하여 최고 우수자원을 선발하는 것도 유사**하다.

반면 차이점은 먼저 교육대상 면에서 미국의 합동고급전쟁수행과정(JAWS)은 중·대령 40명으로 한정하는 반면, 영국의 고급지휘참모과정(ACSC)은 소·중령 300명으로 한다. **두 나라 모두 하나의 계급을 대상으로 하기보다는 2개의 계급으로 융통성을 부여**하고 있다. 즉 중령은 동일하고 대령과 소령의 차이인데, 이는 교육여건이나 각국의 영관장교 인력운영을 고려한 결과다. 교육인원에서 미국이 좀 더 소규모인 것은 다양한 합동전문교육과정을 운영하고 있고 합동고급전쟁수행과정의 목적인 합동전역기획전문가 보직 소요를 고려한 결과다.

졸업 시 학위 수여 면에서 두 나라는 미세한 차이가 있다. 미국은 합동고급전쟁수행과정 졸업 시 국방대학교에서 '군사전략 및 합동전역기획' 석사학위가 수여되며, 영국은 고급지휘참모과정 졸업 시 그 자체로

석사학위를 수여하지는 않는다. 다만 런던 킹스칼리지 대학(King's College London)과 협약을 맺어 희망자는 군사 관련 석사과정을 병행할 수 있다.

이처럼 미국과 영국은 각국의 특성에 맞게 부분적으로 차이가 있지만, 두 나라 모두 우수자가 많이 지원하도록 유도하고 졸업 시 활용을 고려하여 최우수자원을 엄선하며 지략을 계발할 수 있도록 1년간 내실 있게 교육과정을 운영함은 물론 졸업자에 대해 석사학위 등 인센티브를 부여하고 있다.

3. 합동전문인력에 대한 인사관리의 합리성

미국과 영국은 공통적으로 합동전문인력 육성을 위한 전문교육과정을 내실 있게 운영하고 있을 뿐만 아니라 교육을 통해 배출된 인력에 대해 다음 〈표 3-6〉과 같이 합리적인 인사관리로 정책의 효과를 높이고 있다.

〈표 3-6〉 미국과 영국의 합동전문인력 인사관리 비교

구분	미국	영국
입교자 선발	졸업 후 합참 및 여러 합동전투사령부에서 전역기획 관련 직책을 수행할 수 있는 최고 우수자원 선발	진급심사위원회에서 장차 대령으로 진급할 수 있는 잠재역량을 갖춘 상위 20%의 인원 선발
졸업 시 합동자격 부여	• 합동자격제도(Joint Qualification System) 시행 • 합동전문군사교육 2단계(JPME Phase II) • 교육과정 졸업과 동시에 합동자격장교(Joint Qualification Officer) 부여	별도의 자격제도는 운영하고 있지 않지만, 고급지휘참모과정을 졸업했다는 것 자체가 향후 군을 이끌어갈 엘리트이면서 합동전문인력으로 인정
졸업 후 보직관리	합동직위로 100% 보직	거의 대부분이 합동직위에 보직

구분	미국	영국
진급 관리	• 합동자격장교가 되지 못하면 장군 진급이 제한되도록 법으로 규정 • 각 군의 진급선발위원회 구성 시 합참의장이 지명한 합동 차원의 대표를 반드시 포함 • 진급심사 결과를 국방장관에게 보고하기 전에 합참의장이 검토 • 국방장관은 매년 합동전문자격을 구비한 장교들의 진급 상태를 국회에 보고	• 법으로 통제하고 있지는 않지만 거의 대부분이 차상위 계급으로 진출 • 영국군 3성 장군 이상 주요 직위자는 대부분 고급지휘참모과정(ACS C) 졸업생

* 출처: Office of the Deputy Under Secretary of Defense(MPP), *Joint Officer Management: Joint Qualification System(JQS)-101* (Office of the Secretary of Defense, 2007)과 UK ARMY, *The Officer Career Development Handbook* (Joint Service Command & Staff College, 2017)의 핵심 내용을 도표로 요약정리

미국은 '합동자격장교제도(Joint Qualification System)'를 통해 합동전문교육과정 졸업자에 대해 졸업과 동시에 합동자격을 부여하고 합동목록에 제시되어 있는 직책에 반드시 보직토록 법으로 규제하고 있다. 영국은 별도의 자격제도는 운영하고 있지 않지만, 고급지휘참모과정을 졸업했다는 것 자체가 향후 군을 이끌어갈 엘리트이면서 합동전문인력으로 인정된다.

두 나라 모두 합동전문교육과정 졸업인원은 위의 〈표 3-6〉에서와 같이 대부분 합동직위에 보직하고 있다. **미국 합동고급전쟁수행과정**(JAWS)**은 아예 졸업 시 합동직위에 100% 재배치하는 조건으로 선발**한다. **영국의 고급지휘참모과정**(ACSC) **졸업인원도 대부분 합동군사령부 등 합동직위에 보직**되며, 장래를 위해 대부분이 보직을 희망하지만 자리가 제한되는 대대장 직책은 합동직위 경력을 마친 고급지휘참모과정 졸업생 중에서 선발한다.

또한 **미국과 영국 모두 이러한 우수인력이 상위계급으로 진출하여 지속적으로 활용되도록 진급을 관리**하고 있다. 미국은 합동자격장교가

되지 못하면 장군 진급이 제한되도록 법으로 규정하는 등 철저히 통제하고 있고, 영국은 미국처럼 법으로 강력히 통제하지는 않지만 결과적으로 고급지휘참모과정 졸업인원이 대부분 차상위 계급으로 진출하며, 합동전문인력을 장군으로 진급시켜 적극 활용하고 있다.

이처럼 미국과 영국 모두 합동전문인력 육성에 국가적 차원에서 많은 관심을 경주하고 있으며, 나라별 역사와 군조직의 특성을 고려하여 다양한 정책적·제도적 장치를 구축 운영하고 있다. **영국은 국방참모총장에 의한 강력한 통제형 합참의장제하에서 합동전문군사교육기관의 통합정책만으로도 정책효과를 거둘 수 있었던 반면, 미국은 비통제형**(자문형) **합참의장제이기 때문에 오히려 「골드워터-니콜스 법」, '스켈턴**(Skelton) **보고서', 합참의장에 의한 강력한 합동교육 및 인사관리 통제시스템, 2단계의 '합동전문군사교육**(JPME)**'제도, '합동자격제도**(Joint Qualification System)**' 등 추가적인 법적·제도적 장치를 발전시켜 정책효과**를 거두고자 했다. 이러한 점은 한국군에 시사하는 바가 크다. 현재 한국군의 상부지휘구조는 통제형 합참의장제로 미군보다는 강화된 형태이나, 영국군의 국방참모총장제보다는 약한 형태다. 한국군의 합동전문인력 육성정책을 검토할 때 이와 관련한 국방부와 합참의 역할을 참고할 필요가 있다.

비록 미국과 영국의 합동전문인력 육성을 위한 정책적·제도적 장치에 차이가 있을지라도 중요한 것은 **두 나라 모두 합동전문인력을 육성하기 위한 전문교육과정을 구축하여 내실 있게 운영하고 있으며, 국방부와 합참에 의해 교육시스템과 인사관리시스템이 긴밀하게 연계**되도록 하고 있다는 점이다. **즉, 정책목표를 달성하기 위해 선발-교육-보직-진급 등 교육정책과 인사관리정책이 잘 연계되어 정책효과**를 거두고 있다.

제4장

한국군의 합동전문인력 육성정책(1948~2019)

제1절 합동성과 합동전문인력 육성에 대한 국가적 관심

대한민국도 역대 정부별로 다소 차이는 있으나 육·해·공군 전력을 유기적으로 통합하기 위해 노력해왔다. 이승만 정부는 1948년 11월 30일 국군 창설 시 **'국방참모총장'[1] 예하 '3군 병립제'[2]**를 채택했다. 이어서 1948년 12월 7일 국방부에 '연합참모회의'를 설치하여 육군, 해군의 작전 및 용병과 훈련 등에 관한 심의를 관장토록 했으나, 이것은 1949년 5월 국방부의 조직 간소화 방침으로 폐지되었다.[3]

6.25전쟁 중인 1952년 8월 23일 대통령 직속 비상설기구인 '임시합동참모회의'를 설치하여 대통령 군사 자문 역할을 수행토록 했으며,[4]

---

1 1948년 11월 30일 공포된 법률 제9호 「국방조직법」에는 "국방장관 밑에 참모총장을 두고 그 밑에 육군본부(육군 총참모장)와 해군본부(해군 총참모장)를 둔다"라고 명시되어 있다. 초대 국방참모총장은 채병덕 소장이다.

2 창설 시에는 육·해군으로 구성되었다가 1949년 10월 1일 공군이 창설되면서 '2군 병립제'에서 '3군 병립제'가 되었다. 3군 병립제는 육·해·공군 총장이 각 군의 군정, 군령을 통합적으로 수행하는 제도다. 국방부 군사편찬연구소, 『국방정책변천사 1988~2003』(서울: 국방부 군사편찬연구소, 2016), 319쪽.

3 1949년 5월 9일 신성모 국방장관의 군기구 간소화 지침으로 '연합참모회의'와 '국방참모총장제'가 폐지되었다.

4 '임시합동참모회의'의 임무는 군사에 관한 대통령 자문, 국방정책 건의, 각 군 훈련 및 작전, 상호 관련사항 등의 심의이며, 의장은 각 군 참모총장이 윤번제로 맡고, 회의장소는 윤번제 의장이 소속된 각 군 본부였다. 국방부 군사편찬연구소, 앞의 책, 320쪽.

휴전 후인 1953년 8월 3일 '임시합동참모본부'를 국방부 예하 비상설 기구로 설치했다.[5] 그러다가 '임시합동참모회의'는 **1954년 2월 18일부로 '합동참모회의'라는 대통령 직속 상설기구**로 변경되었으며, '합동참모본부'는 1954년 5월 3일부로 합동참모회의 예하 대통령 직속기구로 변경되었다.

박정희 정부는 합동성 강화를 위해 1963년 6월 「국군조직법」을 개정하여 다음 〈그림 4-1〉과 같이 국방부 예하에 **'합동참모회의 의장'과 '합동참모본부'를 명문화하여 기존의 '3군 병립제'하 '자문형**(비통제형) **합참의장제'를 구체화**했다. 주요 업무는 전략지침과 계획 등 군령에 관하여 대통령을 보좌하고 육·해·공군의 통합전략방침과 계획 기타 중요 사항 심의 등에 관한 사무를 관장하는 것이었다.[6]

〈그림 4-1〉 3군 병립제하 자문형 합참의장제

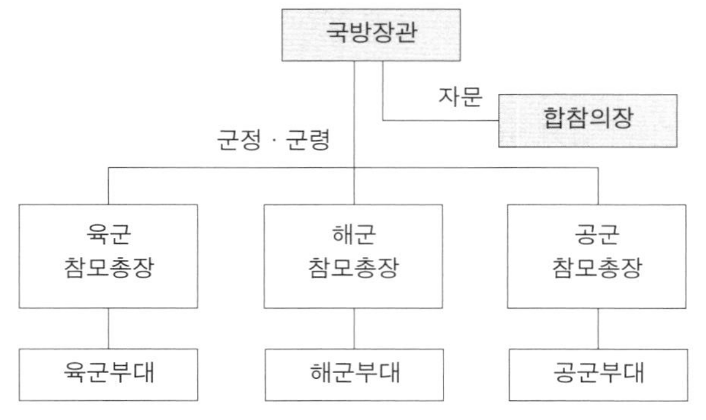

* 출처: 공군본부, 『2018 외국 군구조 편람』, 11-12쪽.

---

5 임시합동참모본부는 합동참모회의 사무관장, 육·해·공군의 주요 군사사항 협의를 위해 경무대에 설치했다. 위의 책, 320쪽.

6 행정안전부 국가기록원 기록물 생산기관 변천정보, http://theme.archives.go.kr/next/organ/viewDetailInfo.do?code=OG0036558&isProvince=&mapInfo=mapno1(검색일: 2020. 1. 20)

또한 합동성을 갖춘 전문인력을 육성하기 위해 미국의 합동참모대학을 참고하여 전문교육기관 설립을 추진했다. 그 결과 1963년 4월 18일 「합동참모대학 설치법(법률 제1330호)」이 공포되고 **1963년 8월 24일 국방대학원 지역에 '합동참모대학'이 창설**되었다.[7] 합동참모대학의 설립목적은 다음과 같다.

> 국가 안전보장에 영향을 주는 군사문제에 관한 학술을 교수하며, 이에 관한 사항을 분석·연구·발전시키고 각 군 및 행정기관에서 선발된 학생에게 **각급 합동사령부, 연합사령부와 고급사령부에 관여할 간부로서의 자질을 부여하기 위하여** …[8]

합동참모대학은 1963년 9월부터 약 10년 동안 총 23개 기를 교육했으나 정책효과가 미흡하여 결국 1973년 3월 폐지되었다. 기수별 교육기간이 19~21주로서 전문성을 함양하기에는 너무 짧고, 군사전략기획 및 정책에 대한 교육이 부족하며, 졸업 후 활용 등의 문제가 대두되어 결국 1975년 3월 1일부로 폐교되었다.[9]

노태우 정부는 안보환경의 변화로 국방태세 및 합동성 강화에 대한 필요성을 인식하고 **1988년부터 일명 「818 계획」[10]으로 불리는 '장**

7 합동참모대학교 총장은 국방대학원 총장이 겸임하도록 했다. 권혁철 외, 「합동참모대학 교육과정의 역사적 분석과 미래교육과정 발전방안」, 『합동군사교육발전연구과제』(서울: 국방대 합동참모대학, 2010), 284-285쪽.

8 「합동참모대학설치법」(시행 1963. 4. 18. 법률 제1330호) 제1조.

9 최초에는 합동참모대학의 교육과정을 1~2년으로 하여 합동성을 갖춘 군사전략기획 전문요원 육성과정으로 개편하는 것으로 검토하다가 최종적으로 합동참모대학을 폐지하고 그 대신 1975년 9월부터 국방대학원에 45주의 군사전략기획과정을 신설했다. 권혁철 외, 앞의 글, 289-293쪽.

10 「818 계획」이라는 명칭은 1976년 8월 18일 북한의 판문점 도끼 만행사건 발생 일자이

기국방세 발전방안연구'를 통해 군 구조 및 조직개편 등 근본적인 국방개혁을 추진했다. 야당의 반대로 2년여의 진통 끝에 **1990년 10월 1일 결국 「국군조직법」 개정안**이 통과되었다. 원래는 **합동작전의 효율성을 고려하여 '통합군제' 또는 영국의 '국방참모총장제' 같은 단일지휘체계를 지향**[11]했으나, **최종안은 '합동군제하 통제형 합참의장제'로 절충**되었다. 이로써 한국군의 군 구조는 다음 〈그림 4-2〉와 같이 42년간 유지되던 기존의 '3군 병립제하 자문형 합참의장제'에서 **'합동군제하 통제형 합참의장제'로 전환**되었다. 즉, **각 군 참모총장은 기존의 군정권과 군령권 행사에서 군정권만 행사하게 되고, 그 대신 합참의장이 육·해·공군 작전부대에 대한 군령권**을 갖게 되었으며, **3군 균형발전과 합동작전 수행을 보장하기 위해 합참의 조직과 편성이 대폭 보강**되었다.[12]

아울러 이러한 군 구조 개선에 따른 합동형 정예 간부를 육성하고, 연합·합동 작전 교리 및 작전술을 개발하여 연합 및 합동작전능력을 향상하며, 최상위 합동군사교육 기관의 부재와 고급장교 교육의 장기간 공백 문제를 개선하기 위해 **1990년 10월 10일부로 '국방참모대학'**

면서 대통령 최초 재가 일자인 1988년 8월 18일을 고려하여 명명했다. 윤광웅, 「국방조직현황과 발전방향」, 『한국의 국방조직 발전방향』(서울: 한국군사학회, 2000), 117쪽.

11 '통합군제'는 육·해·공군 작전부대에 대한 군정권과 군령권을 일원화하는 것이며, 영국의 '국방참모총장제'는 군정권과 군령권이 구분되어 있는 '합동군제'이면서도 국방참모총장이 각 군 참모총장을 통제하는 더욱 강력한 '통제형 합참의장제' 형태다. 원래 박정희 대통령은 합동성에 입각하여 군정과 군령을 통합하는 단일 지휘체계를 희망하여 1965년부터 1972년까지 주월 한국군을 '합동기동부대형 통합군'으로 운영한 바 있으며, 1969년 군 '특명검열단'에 의해 '통합군제'로 개편을 검토하기도 했다. 이러한 배경으로 연구위원회는 '통합군제' 또는 영국의 '국방참모총장제'를 추진했다. 홍규덕, 「국방개혁추진, 이대로 좋은가?」, 『전략연구』 통권 제68호(서울: 한국전략문제연구소, 2016), 108-109쪽.

12 국방부 군사편찬연구소, 앞의 책, 320-413쪽.

〈그림 4-2〉 한국군 군 구조의 변화

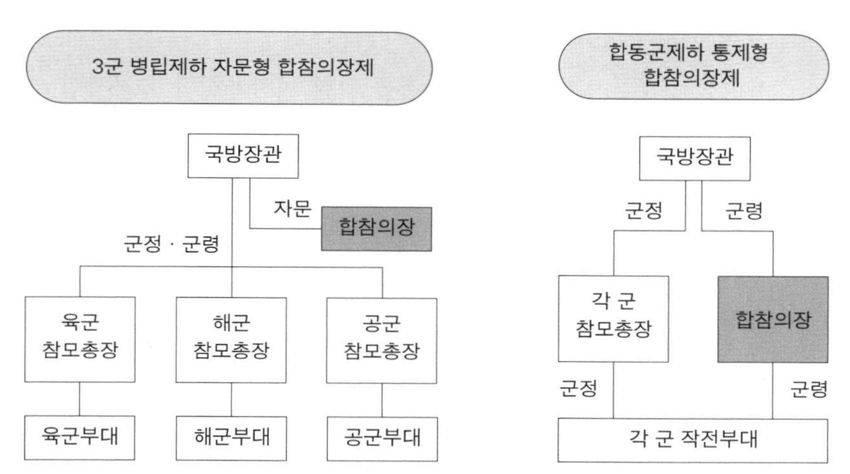

* 출처: 공군본부, 『2018 외국 군구조 편람』 11-12쪽 내용을 기초로 작성

을 창설함으로써 합동전문인력 육성을 위한 기틀을 마련했다.[13] 국방참모대학 설치 목적 및 임무는 다음과 같다.

> 각 군의 영관급장교에 대하여 **연합 및 합동작전과 군사전략·기획에 관한 교육을 실시하고, 이와 관련된 군사문제를 연구 발전시키기 위하여** 국방부 장관 소속하에 국방참모대학을 둔다.[14]

국방참모대학의 위상은 각 군 대학과 국방대학원의 중간 단계에 위치한 교육기관으로 국방부 장관(합참의장)이 직접 통제하는 형태였다. **국방참모대학 정규과정은 육·해·공군 중령급 장교를 대상으로 1년간**

13 권혁철 외, 앞의 글, 297-306쪽.

14 「국방참모대학설치령」(시행 1990. 10. 10, 대통령령 제13116호) 제1조.

의 선택과정으로서 연합 및 합동작전, 군사전략, 군사기획을 중점적으로 교육했으며, 1999년까지 매년 1개 기씩 총 8개 기가 배출되었다.

김영삼 정부는 군내 사조직 근절을 위한 인사개혁과 율곡사업 개선에 많은 관심을 기울였다. 이 시기의 국방부는 군의 정보화·과학화에 따른 국방운영의 전문성 제고를 위해 **1998년[15] 2월 최초로 「국방전문인력 인사관리규정」을 제정**했다. 이를 통해 전문인력 직위를 결정하고 우수전문인력을 선발함으로써 국방정책업무를 수행할 수 있는 우수한 전문인력 양성과 활용이 가능하게 되었다. 전문직위는 정책기획·군사전략·작전, 방위력 개선, 인사·조직·교육, 군수·조달, 국방관리분석 등 5개 분야로 구분하고, 이러한 전문인력의 획득-교육-보직-진급 등 효율적인 인사관리가 가능하도록 했다. **다만 여기에 합동전문인력에 대한 인사관리는 포함되지 않았다.**

김대중 정부는 '작지만 강한 군대'를 지향하며 1998년 7월 「국방개혁 5개년 계획」[16]을 발표했다. 그리고 그 일환으로 서울 수색지역에 있던 3개 교육기관(국방대학원, 국방참모대학, 국방정신교육원)을 통합하여 2000년 1월 1일부로 종합대학의 성격을 띤 '국방대학교'를 창설했다. 이에 따라 **국방참모대학은 국방대학교 예하의 '합동참모대학'으로 재편**되었으며, 합동참모대학의 합동참모 정규과정의 교육기간, 교육대상은 기존의 국방참모대학 정규과정과 유사하게 진행되었다. 교육목표는 연합 및 합동 작전수행능력을 갖춘 전문가 육성에 두고, 교육 중점은 합동군사전략 및 군사정책수립 능력 배양, 고급수준의 연합 및 합동 작

---

15 국방부 군사편찬연구소, 앞의 책, 367쪽.

16 핵심은 저비용·고효율의 국방운영체제를 구축하기 위해 국방기구 통폐합, 목표지향적 방위력 개선, 군수조달체계 개선, 군 사법제도 개선, 병영문화 쇄신 등을 중점적으로 추진했다. 국방부 군사편찬연구소, 앞의 책, 413쪽.

전계획 및 수행 능력 숙달, 군사기획 능력 배양으로 설정하여 합동전문인력을 더욱 내실 있게 육성하기 위해 노력했다. **다만 졸업자에 대한 인사관리는 여전히 개선되지 않았다.**[17]

노무현 정부는 북한 위협의 변화, 병역자원의 감소 등을 전제로 병력을 감축시키면서 이를 첨단무기로 보강하는 것을 핵심으로 하는 「국방개혁 2020 계획」을 2005년 입안하고 **2006년 「국방개혁에 관한 법률」을 최초로 제정**했다.[18] 소위 「국방개혁법」이라고 하는 이 법은 국방 운영체계, 군 구조 개편, 병영문화 혁신 등 국방 전반에 걸친 포괄적인 내용을 담고 있다.[19] 특히 **합동성을 법으로 규정하고 합동성을 강화하기 위해 합동전문인력의 인사관리 방향을 다음과 같이 법제화한 데 의의**가 있다.

제3조 (정의) (중략)

6. "합동성"이라 함은 첨단 과학기술이 동원되는 미래전쟁의 양상에 따라 총체적인 전투력의 상승효과를 극대화하기 위하여 육군·해군·공군의 전투력을 효과적으로 통합·발전시키는 것을 말한다. (중략)

제19조 (국방부, 합동참모본부 등의 장교 보직)

① 국방부, 합동참모본부, 및 연합·합동부대에서 근무하는 장교의 직위에는 합동성 및 전문성 등 그 직위에 필요한 요건을 갖춘 장교가 보직되도록 하여야 한다.

---

17 권혁철 외, 앞의 글, 367쪽.

18 국방부, 『2006 국방백서』(서울: 국방부, 2006), 35쪽.

19 국방개혁 중점은 ① 국방정책을 추진함에 있어서 문민기반의 확대, ② 미래전의 양상을 고려한 합동참모본부의 기능 강화 및 육군·해군·공군의 균형 있는 발전, ③ 군 구조의 기술집약형으로의 개선, ④ 저비용·고효율의 국방관리체제로의 혁신, ⑤ 사회변화에 부합하는 새로운 병영문화의 정착이다(국방개혁에 관한 법률, 제1조).

② 국방부 장관은 합동참모본부 및 연합·합동부대의 장교 직위 중 합동성·전문성 등이 요구되는 직위에 대하여 합동참모의장의 요청을 받아 합동직위로 지정한다.

③ 각군 참모총장은 제1항의 규정에 따른 요건을 갖춘 장교에 대하여 우선적으로 합동직위에 근무할 수 있는 합동특기 등의 전문자격을 부여하여야 한다.[20]

이 법에서 제시한 합동성을 구현하기 위한 **인사관리의 핵심은 합참 및 연합·합동부대의 장교 직위 중에서 합동성·전문성이 요구되는 직위를 '합동직위'로 지정하고, 이에 필요한 요건을 갖춘 장교를 '합동특기'의 전문자격을 부여하며, 이런 자격을 갖춘 장교가 합동참모본부 및 연합·합동부대의 합동직위에 보직되도록 해야** 한다는 것이다.

이명박 정부는 2010년 3월 26일 북한의 천안함 폭침 사건과 그해 11월 23일 연이어 발생한 연평도 포격도발 사건을 계기로 '국방선진화위원회'와 '국가안보총괄점검회의'를 가동하여 기존 국방태세의 미비점을 진단하고 보완 방향을 제시토록 했다. 그 결과 **핵심요인으로 지목된 것이 합동성 미흡의 문제**이며, 그래서 **'상부지휘구조 개편 추진'[21]과 함께 후속조치 중의 하나로 제시된 것이 기존의 육·해·공군 대학과**

20 위의 법률, 제3조 제6항, 제19조 1~3항.

21 김관진 장관의 상부지휘구조 개편안은 영국의 '국방참모총장제'처럼 각 군 참모총장에게 군령권을 추가로 부여하면서 합참에 합동군사령부의 기능을 추가하고 합참의장에게 합참인원에 대한 인사권을 부여하는 등 합참도 더욱 강화하며, 각 군 참모총장을 합참의장의 지휘계선에 포함하는 안을 추진했으나, 해·공군 예비역 장성의 반대 등으로 끝내 19대 국회(2012년 5월 30일~2016년 5월 29일)를 통과하지 못했다. 이에 대한 세부적인 내용은 홍규덕, 앞의 글, 108-109쪽; 김태효, 「국방개혁 307계획: 지향점과 도전요인」, 『한국정치외교사논총』 34(2), 2013, 361-363쪽 참조.

합동참모대학을 통합하여 '합동군사대학교'를 창설하는 것이었다. 이는 영국처럼 영관장교 교육기관부터 통합함으로써 합동성과 전문성을 갖춘 합동전문인력을 체계적으로 육성하기 위한 조치였다.[22]

이처럼 대한민국도 역대 정부별로 합동성의 중요성을 인식하고 합동성을 강화하기 위해 1948년 건국 시부터 노력해왔으나 합동전문인력 육성 측면에서는 큰 변화가 없다가 1990년 군 구조가 기존의 '3군 병립제하 자문형 합참의장제'에서 '합동군제하 통제형 합참의장제'로 전환되면서 본격화되었다. 즉, 합동전문인력 육성을 위한 최초의 교육기관은 최초 1963년에 창설된 '합동참모대학'이었으나 19~21주의 과정으로서 전문교육과정으로는 교육기간이나 내용 면에서 부족한 면이 있었다. 이를 보완하기 위해 1990년 1년 과정의 '국방참모대학'이 창설되었는데, 이때부터 전문교육과정의 면모를 갖추기 시작했다. 2000년부터는 '합동참모대학'(1년 과정), 2011년부터는 '합동군사대학교 합동참모대학'(합동고급과정: 1년 과정)으로 과정 명칭과 지휘관계는 바뀌었지만 합동전문인력 육성을 위한 전문교육과정으로서 지속 발전해왔다. 또한 2006년 「국방개혁법」 제정을 통해 합동성과 전문성을 갖춘 합동전문인력에 대해 합동자격을 부여하고 이러한 인력이 합동직위에 보직되도록 법제화했다는 데 의의가 있다.

이처럼 **한국군도 합동성을 강화하기 위한 일환으로 합동전문인력 육성에 많은 관심과 노력을 경주해왔으며, 그 결과 합동교육기관 설립 및 개편, 영관장교 교육기관 통합 및 합동군사대학교 창설, 「국방개혁법」 제정, 합동직위 지정, 합동자격제도 시행 등 많은 정책적·제도적 장치를 마련**했다.

---

22 김태효, 위의 글, 362-366쪽.

제2절 합동전문인력 육성을 위한 국방교육체계

대한민국 국방부는 국방교육훈련을 "국방을 위하여 근무하는 장병과 군무원, 국방부 산하기관에 근무하는 자 및 위탁교육자를 대상으로 실시하는 학교교육과 부대훈련"[23]으로 규정하고 있다. 국방교육훈련 체계는 다음 〈그림 4-3〉과 같다.

즉, 국방교육훈련 체계는 다음 〈그림 4-3〉과 같이 크게 '학교교육'과 '부대훈련'으로 구분되고, '학교교육'은 다시 '군사교육'과 '전문교육'으로, '부대훈련'은 '개인훈련'과 '집체훈련'으로 분류된다.[24]

또한 군사교육은 "군 구성원의 군사전문성, 일반학문 및 직무지식을 향상시키기 위하여 (국방대학교 석·박사과정을 제외한) 군 내 학교에서 실시하는 교육"[25]으로 정의되고 있으며, 장교군사교육체계는 '양성교육'과 초등군사반-고등군사반-합동군사대학교-국방대학교로 이어지는 '보수교육'으로 이루어진다.

양성교육은 장교로 임관하기 위한 군사교육으로서 "기본소양과

---

23 「국방 교육훈련 훈령」, 제2조 제1항.

24 위의 훈령, 별표2.

25 위의 훈령, 제2조 제4항.

〈그림 4-3〉 국방교육훈련 체계

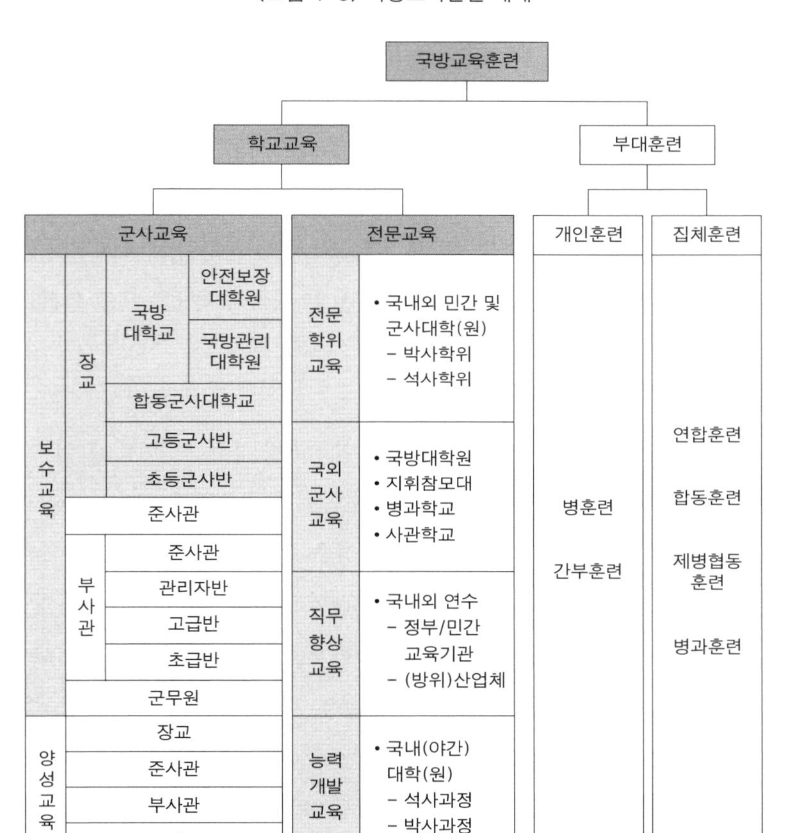

* 출처: 「국방 교육훈련 훈령」, 별표2.

기본전투기술, 전투지휘능력과 교육훈련 지도능력을 구비하고 리더십을 기르는 데"[26] 목표를 두고 각 군 사관학교[27]와 학군사관(ROTC), 학사사관, 간부사관 등 사관후보생 과정에서 실시한다. 이때 합동교육은 장

26 위의 훈령, 제15조 제1항.

27 사관학교는 '육 · 해 · 공군사관학교'와 '국군간호사관학교', '육군3사관학교'가 있다.

기복무장교 양성과정인 각 군 사관학교와 간호사관학교에서만 실시하며,[28] 합동교육 목표와 중점은 '국방부 장교 양성교육 지침'에 다음과 같이 명시되어 있다.

> 2. 사관학교 교육 (중략)
>
> 바. **합동군사교육체계의 1단계** 과정으로서 자 군의 기초 군사지식 습득에 추가하여, 합동성 함양과 합동문화 형성에 목표를 두고 합동교육 실시[29]

사관학교 합동교육은 이명박 정부의 「국방개혁 307 계획」의 일환으로 육·해·공군사관학교 교육부터 통합적으로 시행함으로써 장교양성과정에서부터 타군을 이해하고 합동성을 함양하기 위해 시작되었다. 이에 따라 '12년도부터 육·해·공군사관학교 1학년 생도들을 통합 편성하여 일반학 중 공통과목을 24주간 합동으로 교육[30]했다. 그러나 일반학에 대한 학업성취도 저하 등의 문제로 점차 합동교육 기간을 줄이다가 2017년부터는 6주간 시행하는 것으로 조정되었다.[31] 그 대신 1학년만 하던 합동교육을 2·3학년도 포함하여 동계군사훈련 기간 중 2주씩 편성하여 작전부대 및 현장에 대한 견학 위주의 합동교육으로 전환

---

28 육군3사관학교와 간부후보생과정에는 합동교육이 반영되어 있지 않다. 국방부 정책기획관실, 「합동·연합작전 교육체계 구축방안」, 『19-4회 정책회의』('19. 7. 25), 2쪽.

29 「국방 교육훈련 훈령」, 별표7.

30 8주 단위의 4개 주기로 구분하여 1주기는 각 사관학교에서 교육하고, 2주기는 육사에서, 3주기는 해사에서, 4주기는 공사에서 통합교육을 실시했다.

31 이와 관련한 더욱 구체적인 내용은 육사 행정부, 「'17년 3군 사관학교 통합교육 계획」('16. 12. 28), 2쪽; 국방대학교 산학협력단, 「각 군 생애주기별 군사교육과 연계한 합동교육체계 평가 연구」(2017. 3. 16), 49-50쪽 참조.

하여 시행하고 있다. 즉, 1학년 합동교육은 육군사관학교에서 주관하여 지상작전 및 육군을 이해하고, 2학년은 해군사관학교에서 주관하여 해상작전과 해군을 이해하며, 3학년은 공군사관학교에서 주관하여 공중작전과 공군을 이해하는 데 중점을 두고 진행되고 있다.[32]

'초등군사반 과정' 교육은 "각 군별 · 병과별 위관급 장교에 필요한 병과 기초교육"[33]으로 병과 및 특기 업무에 대한 기초지식을 습득하고 계급에 맞는 직무수행 능력 배양을 목표로 한다. 이를 위해 각 군 교육사 예하 각 병과학교에서는 중 · 소위급 신임장교를 대상으로 다음 〈표 4-1〉과 같이 병과 및 특기별로 3~16주의 교육을 실시하고 있다.

〈표 4-1〉 각 군별 초등군사반 교육 및 합동교육 현황

구분	육군	해군	공군
교육대상	중 · 소위급 신임장교(해당 병과로 분류된 장교)		
과정 명칭	신임장교 지휘참모과정	초등군사반	특기 초급과정 등[34]
교육기간	4~16주	3~14주	3~16주
합동교육	미반영	일부 과정에만 소개교육 반영(4H)	일부 과정에만 소개교육 반영(4~6H)

* 출처: 육군본부, 『학교교육지시』(2019. 1. 2), 2장, 1-21쪽; 대한민국 해군, 『2019 해군 군사교육 계획』(2019), 49-175쪽; 대한민국 공군, 『2019 군사교육계획서』(2019), 54-242쪽; 국방대학교 산학협력단, 앞의 글, 52쪽의 내용을 도표로 요약정리

국방교육훈련체계에서는 양성교육(사관학교 교육)을 합동군사교육체계의 1단계로 설정한 데 비해, 그다음 교육단계인 초등군사반에서의

---

32 국방부 정책기획관실, 「합동 · 연합작전 교육체계 구축방안」, 2쪽.

33 「국방 교육훈련 훈령」, 제16조.

34 공군은 군 특성상 조종특기는 특기초급과정에 입교하지 않고 별도로 19개월간의 비행교육을 받는다. 공군본부, 「공군규정 3-14 비행교육」(2019. 8. 15), 6쪽.

합동교육은 매우 미흡하다. 위 〈표 4-1〉에서 볼 수 있듯이 각 군별 초등군사반 교육 시 합동교육을 살펴보면, 육군은 반영되어 있지 않고,[35] 해군은 '함정초군반' 등 일부 과정에만 '합동작전 소개교육' 4시간이 반영되어 있으며,[36] 공군은 '기상장교 초급과정'에서 '연합 및 합동작전 기상' 4시간, '정보장교 초급과정'에서 '연합작전 작계 및 연습' 6시간, '방공포병 초급과정'에서 '지상군작전' 6시간을 교육하고 있을 뿐이다.[37]

'고등군사반과정' 교육은 각 군의 병과 전문교육을 완성하는 과정으로서 "병과별 위관 및 영관장교에 요구되는 능력에 기초를 두고 교육 수료 후 야전실무 임무수행이 가능하도록"[38] 하는 데 목표를 두고 있다. 이를 위해 각 군 교육사 예하 각 병과학교에서는 대위급 장교를 대상으로 다음 〈표 4-2〉와 같이 병과별로 4~24주의 교육을 실시하고 있다.

〈표 4-2〉 각 군별 고등군사반 교육 및 합동교육 현황

구분	육군	해군	공군
교육기관	각 병과학교[39]	전투병과학교	합동군사대학교 공군대학
과정 명칭	대위 지휘참모과정	고등군사반	초급지휘관참모과정
교육기간	4~24주[40]	12~16주	12주

35 육군본부, 『학교교육지시』, 1-21쪽.

36 대한민국 해군, 『2019 해군 군사교육 계획』, 49-175쪽.

37 대한민국 공군, 『2019 군사교육계획서』, 54-242쪽.

38 「국방 교육훈련 훈령」, 제17조.

39 12개 병과학교에서 18개의 병과 또는 특기별 과정이 있다.

40 대부분 과정이 22주 이상 교육하지만, 법무, 군종, 군의, 치의, 수의 등 특수병과는 10주 이내로서 법무병과가 4주로 교육기간이 가장 짧다. 육군본부, 『학교교육지시』, 22-29쪽.

구분	육군	해군	공군
합동교육	미반영	- 해상전 고군반: 합동 · 연합작전(12H) - 기타 고군반: 합동작전(4H)	합동군사전략(2H), 연합 및 합동 작전(4H), 지상군 · 해군 무기체계 (2H), 지상 · 해상 · 상륙 작전(6H)

* 출처: 육군본부, 『학교교육지시』, 22-29쪽; 대한민국 해군, 『2019 해군 군사교육 계획』, 49-175쪽; 대한민국 공군, 『2019 군사교육계획서』, 54-242쪽; 합동군사대학교, 『2019년도 대학교 교육계획』(2019. 2. 22), 326쪽의 내용을 도표로 작성

고등군사반에서의 합동교육은 육군의 경우 초등군사반과 마찬가지로 매우 미흡한 실정이다. 육군 고등군사반은 "중대장 및 해당 병과의 직무수행능력 구비"[41]를 목표로 하고 각 병과학교에서 실시하고 있으나 합동교육은 반영되어 있지 않다. 해군은 전투 및 기행병과 위관장교들의 작전 및 직무절차 숙달을 목표로 전투병과학교, 기술행정학교, 정보통신학교에서 16주의 '해상전 고등군사반'을 비롯하여 약 12주의 병과별 고등군사반을 운영하고 있다.

이때 합동교육은 해상전 고등군사반의 경우 '합동 · 연합작전' 12시간을, 다른 고등군사반의 경우도 대부분 '합동작전' 4시간을 편성하고 있다.[42] 공군은 지휘관리 능력 및 군사전문지식 구비를 목표로 합동군사대학교 공군대학에서 12주간 '초급지휘관참모과정'을 운영하고 있는데, 합동교육은 '합동군사전략' 2시간, '연합 및 합동 작전' 4시간, '지상군 · 해군 무기체계' 2시간, '지상 · 해상 · 상륙 작전' 6시간 등 총 18시간을 반영하고 있다.[43]

41 위의 책.

42 대한민국 해군, 『2019 해군 군사교육 계획』, 49-175쪽.

43 합동군사대학교, 『2019년도 대학교 교육계획』, 326쪽. 참고로 공군은 대위 및 소령을 대상으로 특기별 직무교육 차원의 '특기교육 참모과정'을 운영하는데, 이때 합동교육은

이처럼 국방교육체계를 보면 양성교육인 사관학교 교육단계에서는 합동성 함양과 합동교육에 많은 시간을 투입하는 반면, 초등군사반과 고등군사반 등 위관 교육단계에서는 각 군 통제하 자군 교육에 집중하고 합동성 함양 및 합동교육에 소홀한 실정이다. 그러다가 소령으로 진급하여 영관장교가 되면 합동군사대학교에 입교하여 비로소 합동성을 함양하고 합동전문인력 육성을 위한 기본교육을 받게 된다.

합동합동군사대학교는 국방 군사교육체계상 소·중령을 대상으로 하는 유일한 합동군사교육 전문기관이다. 영관장교 교육기관부터 통합함으로써 합동성과 전문성을 갖춘 합동전문인력을 체계적으로 육성하기 위해 2011년 12월 1일 창설된 이래 "장차 군사전문가로서 협동 및 합동·연합 작전 수행과 군사력 건설을 선도하는 직무수행능력 함양"[44]을 목표로 2020년 현재에 이르기까지 10년 가까이 합동전문군사교육의 메카로 운영되어왔다. **합동군사대학교는 합동참모대학, 육군대학, 해군대학, 공군대학, 국방어학원, 교수부, 교육지원부 등으로 구성**되며, 논산에 있는 합동참모대학과 장호원에 있는 국방어학원을 제외하면 대학교 본부를 포함한 대부분의 대학이 대전시 유성구 자운대 지역에 위치하고 있다.

교육과정은 합동고급과정, 합동기본과정(6개), 보수교육과정(15개), 어학과정(18개), 원격교육과정(3개) 등 2019년 기준 연간 43개 과정, 92개 기를 교육하고 있다.[45] 이 중 대표적인 합동교육과정이 '합동고급과정'과 '합동기본과정'이다. **합동고급과정은 매년 육·해·공군 중령**

포함하지 않고 있다. 대한민국 공군, 『2019 군사교육계획서』, 54-242쪽.

44 합동군사대학교, 「합동군사대학교 학칙」(2012. 4. 25), 3쪽.

45 합동군사대학교, 『2019년도 대학교 교육계획』, 10쪽.

급 장교 중에서 약 120명을 선발하여 1년간 고급수준의 교육을 통해 합동성과 전문성을 구비한 합동전문인력을 배출하는 전문가 육성과정으로 세부 내용은 제4장 제3절에서 다룬다.

합동기본과정은 소령급 장교들을 대상으로 한다. 소령으로 진급했거나 진급 예정인 대위 등 일부 특수병과를 제외한 대부분의 소령급 장교들은 예외 없이 이 과정에 입교해야 한다. 합동기본과정의 교육목표 및 중점은 "합동성과 연계한 국방정책 및 합동기획 체계 이해, 합동 · 연합 작전 수행능력 구비, 작전술제대 직무수행능력 구비, 전술제대 지휘관 및 참모 육성"[46]으로 각 군의 인력운영 여건을 고려하여 정규과정과 단기과정 그리고 정규특별과정으로 구분된다.

이 중에 정규과정은 선발된 300여 명의 육 · 해 · 공군 장교와 50여 개 나라에서 온 외국군 수탁장교를 포함하여 350여 명이 1년(48주)간 교육받는 과정이다. 1년 중 70%는 각 군 대학 통제하 자군 학생장교를 대상으로 자군 교육을 하고, 30%는 합동참모대학 합동교육2처 통제하에 육 · 해 · 공군 장교들을 통합하여 합동교육으로 진행한다.[47] 이때 주요 교육내용은 합동성의 중요성 이해, 국방정책 · 합동전략 · 합동전력 이해, 합동 · 연합작전 이해 및 작전기획 능력 배양, 전구(戰區)급 합동전쟁종합실습 및 연합연습 참가, 합동연수 등으로 "합동성과 연계한 국방정책 및 합동기획체계를 이해하고 합동 · 연합작전 수행능력을 구비"[48]하는 데 목표를 두고 있다.

---

46 2019년 기준 교육인원은 358명으로 육군 203명, 해군 25명, 해병 20명, 공군 57명, 외국군 53명이며, 입교 전 원격교육(육군 12주 40시간, 해 · 공군 4주)을 별도로 시행한다. 위의 책, 11쪽.

47 2019년 기준 합동교육시간은 총 576시간으로 주로 환산하면 14.4주다. 위의 책, 73쪽.

48 위의 책.

합동기본단기과정은 합동기본 정규과정에 비선된 소령을 대상으로 10~24주간 비교적 단기간 교육하는 과정이다. 육군과정은 1개 기수 400여 명을 약 6개월(24주)간 교육하며, 1년에 2개 기를 배출한다. 해군과정은 1개 기수 80여 명을 약 4개월(16주)간 교육하며, 1년에 2개 기를 배출한다. 공군과정은 1개 기수 80여 명을 10주간 교육하며, 1년에 3개 기를 배출한다. 교육기간 중 합동교육은 정규과정과 마찬가지로 합동참모대학 합동교육2처 주관으로 육·해·공군 장교들을 통합하여 합동으로 진행하되 가용시간의 부족으로 교육시간은 2주만 실시한다. 이때 주요 교육내용은 합동성의 중요성 및 국방정책 이해, 합동전략기획, 합동·연합작전 계획수립 및 적용 등으로 "합동기획 및 합동·연합작전 수행체계와 절차 이해를 통한 합동성을 강화"[49]하는 데 목표를 두고 있다.

합동기본정규특별과정은 해군의 인력운영상 1년간의 정규과정에 입교시킬 수 있는 인원이 제한되기 때문에 16~24주로 단기간 교육하지만, 정규과정으로 인정하는 특별과정으로 해군과정과 해병대과정이 있다. 해군과정은 1개 기수 80여 명을 약 4개월(16주)간 교육하며, 1년에 1개 기를 배출한다. 해병대과정은 1개 기수 25여 명을 약 6개월(24주)간 교육하며, 1년에 2개 기를 배출한다. 합동교육 기간, 교육목표, 방법 등은 합동기본단기과정과 같다.[50]

국방장교군사교육체계의 마지막 단계는 **국방대학교 안보과정과 고위정책결정자과정**이다. 국방대학교는 1955년 국방대학원에서 출발하여 2000년부터는 종합대학의 성격을 띠고 재창설되었으며, "국가안

---

49 위의 책, 84쪽.

50 위의 책.

전보장에 관련되는 안보정책 · 국방관리 등에 관한 학술의 교육 · 연구 · 분석 및 발전을 도모하고, 국가안전보장에 관한 업무를 담당할 전문인력을 양성"[51]하는 교육기관이다. 2017년 8월 서울시 수색에서 논산시 양촌면으로 이전했고, 예하에는 안전보장대학원, 국방관리대학원, 직무교육원, 국제평화활동센터 등이 있다.

안전보장대학원에서는 안보과정과 고위정책결정자과정 등을 운영하는데, **안보과정은** "민 · 관 · 군 고급간부들에게 국가안보에 대한 교육과 연구를 통해 국정관리 능력을 배양하고 민 · 관 · 군 협력의 가교 역할을 하며, 타 부처 및 기관에 대한 이해를 높이고 포괄 안보시대에 다양한 영역의 위협 요인 및 해결 방안을 이해할 수 있는 기회를 제공할 뿐만 아니라 외국군과의 교육을 통해 군사외교 역할을 담당"[52]하는 과정이다. 안보과정은 매년 교육을 희망하는 육 · 해 · 공군 대령급 장교들과 4급 이상 공무원, 각종 정부기관 및 공공단체의 국장급 간부, 외국군 등 200여 명에 대해 1년(43주)간 국가안보, 정부 · 국방 정책, 리더십, 위기관리, 인문학 등을 교육하며 합동 관련 과목은 반영되어 있지 않다.[53]

고위정책결정자과정은 육 · 해 · 공군 준장 진급 예정자들을 대상으로 안보환경과 국방정책에 대한 이해를 높이고, 고위정책결정자로서 갖추어야 할 소양을 함양하기 위해 약 4주간 교육하는 과정으로 여기에도 합동 관련 과목은 거의 반영되어 있지 않다.[54]

---

51 「국방대학교 설치법」(시행 2017. 6. 22, 법률 제14609호) 제1조.

52 국방대학교, https://www.kndu.ac.kr/ibuilder.do?menu_idx=43(검색일: 2020. 2. 3)

53 국방대학교 안전보장대학원, https://www.kndu.ac.kr/ibuilder.do?menu_idx=43(검색일: 2020. 2. 3)

54 김영래, 『한국군의 합동성 강화를 위한 합동군사교육체계 발전방안에 관한 연구』(박사학위논문, 목원대학교, 2019), 67-69쪽; 국방부, 「합동 · 연합작전교육체계 구축방안 관련 추가검토결과」(교육훈련정책과-3722, 2019. 8. 14), 2쪽.

이상을 종합해보면 한국군의 합동전문인력 육성을 위한 교육정책은 양성교육인 사관학교 교육단계에서는 합동성 함양과 합동교육에 온 관심을 기울이는 데 반해, 초등군사반과 고등군사반 등 위관을 대상으로 하는 교육단계와 국방대학교 안보과정 등 대령 및 장군을 대상으로 하는 교육단계에서는 거의 무관심함을 알 수 있다. 이렇게 볼 때 생애주기에 따른 전체 장교 군사교육체계 속에서 합동전문인력 육성을 위한 교육체계는 일관성 측면이나 연계성 측면에서 보완할 사항이 많아 보인다.

중요한 점은 국방 군사교육체계상 한국군의 합동전문인력 육성을 위한 교육정책은 오직 합동군사대학교를 통해 집행하고 있다는 것이다. 대부분의 소령 진급자를 대상으로 하는 합동기본과정을 통해 1차적으로 기본적인 합동교육을 하고, 2차적으로 합동고급과정이라는 1년간의 전문교육과정을 통해 선발된 육·해·공군 중령급 장교들을 대상으로 합동성과 전문성을 구비한 합동전문인력을 육성하는 체계다.

제3절 합동전문인력 육성을 위한 전문교육과정: ‘합동군사대학교 합동고급과정’

합동군사대학교 합동참모대학은 지난 50여 년간 합동전문가를 육성하는 전문교육기관으로 지속 발전해왔다. 합동성을 갖춘 전문인력을 육성하기 위해 1963년 처음으로 ‘합동참모대학’을 설립했으나 초기에는 인력운영 여건상 19~21주의 단기교육 위주로 진행하다가 1976년부터 몇 년간은 군사전략기획 전문가 육성을 목표로 하는 1년 과정인 국방대학원 ‘군사전략기획과정’으로 개편되기도 했다. 1990년 「818 계획」에 의거하여 1년 과정의 ‘국방참모대학’으로 재창설되면서 본격적인 합동전문인력 육성을 위한 교육기관으로서의 면모를 갖춰가기 시작했다. 그리고 2000년 ‘합동참모대학’으로 재창설되고 2011년 합동군사대학교 합동참모대학 ‘합동고급과정’으로 개편되면서 연합 및 합동 작전수행 능력을 갖춘 전문가 육성을 위한 합동전문교육과정으로서 지속 발전해왔다. 그래서 2008년 개정된 「국방 교육훈련 훈령」 제19조(합동참모대학)에는 합동참모대학의 임무와 역할에 대하여 다음과 같이 규정하고 있다.

제19조 (합동참모대학)

합동참모대학은 합동기획과 합동·연합작전 능력을 구비한 전문**인력을 육성하기 위하여** 다음 각 호의 사항을 반영하여 교육한다.

1. **합동군사교육체계의 고급과정으로서 합동기획 및 합동작전 수행능력을 구비시켜 합동전문자격 부여 및 합동직위 임무수행에 부합하는 전문인력을 육성하도록 교육체계를 발전**[55]

여기에는 합동참모대학이 합동군사교육체계의 '고급과정'으로서 '합동기획과 합동·연합작전 능력을 구비한 전문인력을 육성하기 위한 교육기관'이라는 점을 명확히 하고 있다. 이러한 맥락에서 2011년 12월 1일 각 군 대학과 합동참모대학 등을 통합하여 합동군사대학교를 창설한 이후에도 과정 명칭은 기존의 각 군 대학 소령과정을 '합동기본과정'으로, 기존의 합참대학교 중령과정은 합동전문인력 육성을 위한 고급과정임을 고려하여 '합동고급과정'으로 명명하고 있다.

그래서 교육목표도 "국방기획 및 합동기획, 합동·연합작전 전문가 육성"으로 설정되어 있으며, 교육 중점은 다음 〈표 4-3〉에 제시된 바와 같다.[56]

〈표 4-3〉 합동군사대학교 합동고급과정 교육 중점

• 합동성 개념을 숙지하고 선도적으로 구현할 수 있도록 신념화 · 행동화
• 국가안보 및 국방정책, 국방기획관리체계 숙지
• 합동군사전략과 합동전력기획 능력 구비
• 합동교리 숙지 및 합동작전기획 · 계획 능력 구비
• 연합작전 수행능력에 필요한 어학능력 구비
• 중견간부로서 소양 및 리더십 구비

* 출처: 합동군사대학교, 『2019년도 대학교 교육계획』, 29쪽.

55 구 「국방 교육훈련 훈령」(개정 '08. 11. 4. 국방부 훈령 제984호), 제19조 제1항.

56 합동군사대학교, 『2019년도 대학교 교육계획』, 29쪽.

합동고급과정의 수업연한은 국방부 훈령 제1871호 「합동군사대학교 조직 및 운영에 관한 훈령」에 따라 **1년**(48주)**이며, 학생정원은 120명**으로 각 군 참모총장의 추천을 받아 국방부 선발심의위원회에서 최종 선발한다.[57] **입학자격은 육·해·공군 중령**(진)**~중령 2년차 이내의 영관장교와 국방 공무원·군무원·연구원으로, 각 군 추천기준은 졸업 후 합동전문인력으로의 활용성을 고려하여 관련된 우수자를 추천**하도록 다음과 같이 세부적으로 명시되어 있다.

> ② 각 군 참모총장은 합동참모대학 합동고급과정의 **학생 선발 시 합동전문인력, 연합·합동전문**(예비)**인력, 합동직위 및 연합·합동직위 근무경험자 중 우수근무자를 우선 추천**해야 한다.[58]

이러한 기준과 절차에 의해 최종 선발된 **교육인원은 2020년 기준 120명으로서 육군 67명, 해군 19명**(해병대 1명 포함), **공군 27명, 안보지원사 1명, 공무원 및 군무원 6명**이다.[59]

교육과목 체계는 대과목과 소과목 체계로 이루어지는데, 대과목은 ① 국방정책, ② 군사전략, ③ 합동전력, ④ 합동작전, ⑤ 합동기획, ⑥ 연합연습 및 전쟁연습, ⑦ 직무교육, ⑧ 현장학습, ⑨ 논문작성, ⑩ 군사영어 등으로 구성된다.[60]

---

57 「합동군사대학교 조직 및 운영에 관한 훈령」(시행 2016. 1. 18. 국방부 훈령 제1871호), 제17조 제1항.

58 「국방 인사관리 훈령」, 제62조 제2항.

59 합동군사대학교, 『2019년도 대학교 교육계획』, 11쪽. 2020년 선발인원도 120명으로 육군 65명, 해군 22명(해병대 3명 포함), 공군 27명, 공무원 및 군무원 6명이다. 합동군사대학교, 『2020년도 대학교 교육계획』(2019. 12. 24), 9쪽.

60 매년 과정별 교육내용은 큰 차이가 없으나 교과분류체계는 상황에 따라 변화한다. 예를

먼저 ① **'국방정책'**은 '국가안보론', '국가안보체계', '국가방위론', '국방정책론', '주변국 안보정세(미·일·중·러)', '전략적 소통' 등 9개 과목으로 약 81시간 편성된다.

② **'군사전략'**은 '군사전략 개론', '손자병법', '클라우제비츠 전쟁론', '리델하트 전략론', '억제전략', '선제공격전략', '핵전략', '비대칭전략', '북한의 군사전략', '한국의 군사전략', '합동전략기획', '전쟁법', '종합토의' 등 13여 개 과목으로 약 195시간이 편성된다.

③ **'합동전력'**은 '전력발전', '전력기획', '전력 획득 및 운영' 분야로 구분하여 전력발전 관련 과목은 7개 과목으로서 '국방기획관리', '국방전력발전업무', '합동전투발전체계', '미래합동작전기본개념', '국방과학기술 발전추세', '국방조직관리', '국방지휘구조'를, 전력기획 관련 과목은 10개로 '미래전 양상 및 무기체계', '지상전력', '해상전력', '공중전력', '전력기획 접근방법론', '부대계획', '전력소요기획 종합토의', '긴급전력소요기획', '전력화지원', '전력소요검증'을, 전력 획득 및 운영 관련 과목은 13개로 '국방획득정책', '국방획득관리', '국방중기계획', '국방예산', '무기체계 사업관리', '전력지원체계 사업관리', '시험평가', '전력분석 및 평가', '합동실험 및 M&S', '국방조달', '총수명주기', '국방동원', '국방군수정책' 등으로 구성되며, 합동전력은 총 30개 과목으로 약 170시간이 편성된다.

④ **'합동작전'**은 '군사기본교리', '합동작전', '전구작전수행체계',

들어 2020년 교과분류는 6개 교과(① 정책·전략, ② 합동전력, ③ 합동작전, ④ 합동기획, ⑤ 전쟁연습, ⑥ 직무교육)와 국내외 현장학습, 연합연습, 논문작성, 군사영어 등을 별도로 분류하고 있다. 본 연구에서는 이해의 용이성을 고려하여 2020년 교과체계를 대과목과 소과목 분류법에 의거하여 기술했다. 이하 세부 내용은 합동군사대학교, 『2020년도 대학교 교육계획』, 35-72쪽; 합동참모대학, 『2020년도 기본교육계획』(2020. 1. 7), 11-61쪽을 참고하여 정리했다.

'지휘통제', '합동정보', '합동화력', '합동방호', '지속지원', '이동 및 기동', '합동·연합작전 사례연구', '연합작전 및 미군 이해', '각 군 작전 소개', '전구정보판단', '한반도 작전계획 변천', '작전계획 소개', '위기관리' 등의 17개 과목으로 약 144시간이 편성된다.

⑤ **'합동기획'**은 합동전략기획과 합동작전기획을 실습하는 단계로 '작전술·작전구상·합동작전계획 수립절차', '전략기획지시 작성', '북한군 전역계획판단', '합동작전계획수립', '합동지속지원계획 수립' 등 5개 과목, 128시간이 편성된다.

⑥ **'연합연습 및 전쟁연습'**은 총 295시간 동안 합참 및 연합사가 주관하는 '전구급 연합연습'(2회) 참가(175시간)와 합동고급과정 마지막 단계의 종합실습이라고 할 수 있는 '전쟁연습'(120시간)으로 구성된다. 연합연습 시에는 합참, 연합사, 작전사 전투참모단에 파견되어 실무자로서 참가하면서 전구작전수행체계를 이해하고 연합·합동작전 실무경험을 체득하는 데 중점을 둔다. 이때 편성은 학생장교들의 군종, 병과, 특기와 장차 보직 등을 고려한다. 전쟁연습 시에는 학생장교들이 합참, 연합사, 작전사의 의장, 사령관, 본부장 등 핵심직위자로서 '위기관리', '방어', '공격' 단계로 구분하여 국가위기상황에서 '전략기획', '합동작전기획', '합동·연합작전'을 종합실습하는 데 중점을 두고 있다.

⑦ **'직무교육'**은 졸업 후 합참에 보직 시 임무수행이 용이하도록 부서별 주요 업무 및 업무수행체계를 이해하는 데 중점을 두고 42시간 반영되어 있으며, ⑧ **'현장학습'**은 130시간으로서 국내 현장학습과 국외 현장학습으로 구분되는데, 국내현장학습(63시간)은 합동 및 연합작전을 이해하고 합동성을 배양하는 데 중점을 두고 연합사, 합참, 지작사, 공작사, 해작사, 해병대사, 2작전사, 2함대사, 잠수함사, 7기동전단, 전투비행단을 비롯한 주요 작전부대와 상륙작전시범, 공지화력시범 등

합동작전현장을 4차로 구분하여 방문하며, 국외현장학습(67시간)은 주변국인 미국, 중국, 일본, 러시아 등에 대해 7~9일간 조 편성하여 그 나라의 역사, 국방, 합동작전 등을 이해하는 데 중점을 두고 진행하고 있다.

⑨ **'논문작성'**은 과학적·논리적 분석 및 비판적 사고 능력[61] 함양을 위해 개인별로 졸업 시까지 본문 기준 40~50쪽 내외의 분량을 작성해야 하며, 주제는 합동·연합작전 발전, 전력기획, 연구개발, 합동무기체계 발전, 북한 군사위협, 전쟁 기획 및 수행 등으로 한정하여 정책보고서 형식으로 작성해야 한다. 이를 위해 61시간을 편성하여 논문작성법을 교육하고, 개인별 논문지도교수를 편성하여 적극 지도하도록 하며, 제한되나마 자료수집 및 연구시간을 부여하고 있다. 또한 논문 표절검사 등 논문 윤리규정을 준수하도록 하고 논문심사위원회를 통해 논문심사 및 평가를 엄정히 하고 있으며, 우수 논문은 우수성적 부여는 물론 졸업 시 별도 포상하고 『합동군사연구지』 게재 및 정책부서에 제공하고 있다.

⑩ **군사영어**는 연합작전 수행에 필요한 어학능력 구비를 위해 매주 3시간씩 78시간을 편성하여 교육하고 있다. 과목은 군사영어, TOEIC, 시사영어로 구성하고 수준별로 4개 반으로 구분하여 청취능력, 표현능력, 어휘력 등을 향상시키는 데 중점을 두고 있다.

이상의 교과체계를 도표로 정리하면 다음 〈표 4-4〉와 같다.

---

61 '비판적 사고'는 영어로 'critical thinking'으로 "어떤 사태에 처했을 때 감정 또는 편견에 사로잡히거나 권위에 맹종하지 않고 합리적이고 논리적으로 분석·평가·분류하는 사고 과정. 즉 객관적 증거에 비추어 사태를 비교·검토하고 인과관계를 명백히 하여 여기서 얻어진 판단에 따라 결론을 맺거나 행동하는 과정을 말한다." 교육학용어사전, https://terms.naver.com/entry.nhn?docId=1913788&cid=50291&categoryId=50291(검색일: 2020. 2. 3)

〈표 4-4〉 합동고급과정 교과체계

(단위: 시간)

구분	세부 과목	교육시간 및 교육 방법[62]			
		계[63]	강의	토의	기타
계	106개 과목	1,610	348 (22%)	1,191 (74%)	71 (4%)
① 국방정책	국가안보론 등 9개 과목	93	39	54	·
② 군사전략	군사전략개론 등 13개 과목	187	28	155	4
③ 합동전력	국방기획관리 등 30개 과목	170	92	71	7
④ 합동작전	군사기본교리 등 17개 과목	144	87	57	·
⑤ 합동기획	작전술 등 5개 과목	128	6	122	·
⑥ 연합연습/ 전쟁연습	1 · 2차 연합연습 2개 과목과 전쟁연습은 모델교육 등 6개 과목	295	4	291	·
⑦ 직무교육	정보본부 등 6개 과목	42	42	·	·
⑧ 현장학습	국내현장학습 등 2개 과목	130	·	130	·
⑨ 논문작성	1개 과목	61	6	20	35
⑩ 군사영어	1개 과목	78	·	78	·
⑪ 기타	학술세미나, 초빙강연, 독서토의, 종합평가, 체력단련, 국방부 통제 과목, 입교 · 졸업식 등 14개 과목	282	44	213	25

* 출처: 합동군사대학교, 『2020년도 대학교 교육계획』, 35-72쪽; 합동참모대학, 『2020년도 기본교육계획』, 11-61쪽 내용을 도표로 요약

62 토의 방법에는 실습, 토의, 현장학습을 포함하고, 기타 교육 방법에는 개인연구, 평가 등을 포함했다.

63 총 교육시간은 48주의 교육기간을 매주 35시간 교육기준 시 1,680시간이지만, 공휴일 70시간(하루 7시간×10일)을 제외하면 실질적인 교육 가용시간은 1,610시간이다.

반 편성은 기본적으로 120명을 10명씩 12개의 분임으로 구분하며, 분임별 지도교수를 임명한다. 분임 편성은 합동성 강화를 위해 육·해·공군, 해병대와 공무원 등을 모두 포함하고 같은 군종이라도 병과, 특기, 임관 기수, 교육성적 등을 고려하여 균형 편성하며, 전체교육기간 중 3~4회 재편성하여 다양한 생각을 교환하고 인적 교류를 활발하게 하도록 유도하고 있다.[64]

교육 방법은 학생장교들이 스스로 '읽고', '쓰고', '토론'[65]하면서 군사전문지식은 물론 비판적 사고능력, 통찰력, 창의력, 전략적 사고능력 등 지략(智略)**을 함양하는 데 초점**을 맞추고 있다.[66] 이를 위해 기본적으로 강의보다는 토의 및 실습 위주의 교육을 진행하고 있다. 앞의 〈표 4-5〉 '합동고급과정 교과체계'에 제시된 바와 같이 강의는 22%로서 필수적인 사항 위주로 하고, 74% 이상의 대부분 시간을 토의 및 실습 위주로 진행하고 있다. 토의시간은 대부분 세미나 형식으로 진행하되 토론이 되도록 유도하고 있으며, 중요하면서도 예리한 토의주제를 선정하고 관련된 좋은 필독자료와 참고자료를 선정하여 학생장교들에게 제공하는 데 많은 관심을 기울이고 있다. 평가도 총 1,000점 중에서 4회의 종합시험성적은 280점으로 28%에 불과하며, 나머지 720점은

---

64 합동군사대학교, 『2020년도 대학교 교육계획』, 35쪽.

65 영어로는 'debate'로 둘 이상의 사람들이 모여서 공통주제에 대해 각자 서로 다른 주장을 하면서 자신의 주장에 적합한 다양한 경험적 증거, 논리, 가치분석을 통해 자신의 주장을 논리적으로 설명하거나 상대를 설득시키려는 의사소통방식을 말한다. 합동군사대학교, 『비판적 사고함양 위한 효율적인 실습 및 토의 방향』(2019. 3. 19), 13쪽.

66 세부 내용은 합동군사대학교, 『2019년도 대학교 교육계획』, 17-18쪽; 합동군사대학교, 『2020년도 대학교 교육계획』, 15-17쪽; 조한규, 「4차 산업혁명시대 군사혁신을 주도할 영관장교 교육방향」, 『군사평론』 제461호(대전: 합동군사대학교, 2019), 12-14쪽 내용 참조.

실습 및 토의, 논문점수로 72%가 여기에 배정되어 있다.[67]

또한 지략함양을 위해 '합동군사대학교 추천도서 100선'[68]을 선정하여 독서 가이드를 제공하고 있으며, 교육기간 중 7~8권의 도서를 선정하여 독서과제를 부여하고 있다. 2020년의 경우 7권을 선정했는데, ① 로렌스 프리드먼(Lawrence Freedman), 이경식 역, 『전략의 역사』(서울: 비즈니스북스, 2014), ② 조지프 나이(Joseph S. Nye Jr.), 양준희 역, 『국제분쟁의 역사』(서울: 한울, 2000), ③ 말콤 글래드웰(Malcolm Gladwell), 선대인 역, 『다윗과 골리앗』(서울: 21세기북스, 2014), ④ 마이클 필스버리(Michael Pillsbury), 한정은 역, 『백년의 마라톤』(서울: 영림카디널, 2016), ⑤ 사이언티픽 아메리칸(Scientific American) 편집부, 이동훈 역, 『미래의 전쟁』(서울: 한림출판사, 2017), ⑥ 데이비드 조던(David Jordan) 외, 강창부 역, 『현대전의 이해』(서울: 한울아카데미, 2019), ⑦ 노석조, 『강한 이스라엘군대의 비밀』(서울: 메디치미디어, 2018) 같은 우량도서를 선정하여 1~2개월에 한 권 정도 서평을 작성하고 토의하는 독서토의 과목을 운영하고 있다.[69]

초빙교육은 국방부, 합참, 각 군 본부, 연구소, 민간 대학교, 예비역 장군 등 각계 최고의 전문가를 엄선하여 더욱 깊이 있는 내용을 접하고 토의할 기회를 많이 부여하고 있다. 교수진은 교육의 질을 좌우하는 핵심이므로 많은 관심을 기울이고 있다. 그래서 합동고급과정을 담당하

---

67 종합시험성적에는 선행학습평가 10점, 군사영어 70점이 포함된 점수이며, 논문점수는 2019년 50점에서 2010년에는 10점이 상향되어 60점이다. 합동군사대학교, 『'20년 평가지침서』(2020. 1. 20), 60쪽.

68 추천도서 100선은 영관장교들의 지략계발에 필요한 책들을 엄선하여 안보·군사 분야(30권), 전쟁사·역사 분야(15권), 리더십·경영 분야(20권), 인문학 분야(20권), 전기·소설 등 기타 분야(20권)로 구분하여 제시하고 있다. 세부 내용은 합동군사대학교 도서관, 『JFMU 합동군사대학교 추천도서 100선』(대전: 합동군사대학교, 2019) 참조.

69 합동참모대학, 『'20년도 합동고급과정 독서과제 목록』(논산: 합동참모대학, 2019), 1쪽.

는 합동참모대학 합동교육1처 교수는 기본적으로 육·해·공군 대령급으로 편성되어 있다. 군 교수 선발 시에는 합참·연합사·작전사 등 합동근무경험과 학위를 보유한 전문성 있고 우수한 인원을 선발하기 위해 각 군 본부와 긴밀히 협의하고, 민간 교수 비율을 점차 확대하기 위해 노력하고 있다.[70] 기타 선발된 교수에 대한 교관자격심사 기준 강화, 교수학습센터 역할 증대, 전문교수요원의 근무기간 연장기준 보완, 교수 연구시스템 개선, 교수 연구논문 작성 및 심의체계 개선, 표절예방 프로그램 개발 및 적용 등 교수의 전문성 강화에 주력하고 있다.[71]

이처럼 한국군의 합동고급과정은 교육기관 설립목적, 과정의 교육목표, 교육기간, 교육대상, 교육 중점, 교육내용 등 대한민국 유일의 합동전문인력 육성을 위한 전문교육과정으로서 지속 발전해왔다.

---

70 2019년 기준 합동참모대학의 교학행정처, 합동교육2처, 합동교리처를 제외한 합동교육1처 편제인원은 22명으로 육·해·공군·해병대 대령 19명(86.4%), 민간(군무원) 교수 3명(13.6%)이지만, 군무원 교수 비율을 30% 이상 확대하기 위해 노력하고 있다. 합참대학, 『합동교육계획』(논산: 합동참모대학, 2019), 21쪽.

71 세부적인 내용은 조한규, 앞의 글, 24-33쪽 참조.

제4절 합동전문인력 육성정책의 효과 및 한계

1. 합동고급과정의 전문교육과정으로서의 효과

합동군사대학교 합동고급과정은 아래 〈표 4-5〉에서 보는 바와 같이 **미국·영국과 비교해도 합동전문교육과정으로서 손색이 없다.**

〈표 4-5〉 미국 · 영국 · 대한민국의 합동전문교육과정 비교

구분	미국	영국	대한민국
교육과정	합동참모대학의 합동고급전쟁수행과정	합동지휘참모대학의 고급지휘참모과정	합동군사대학교의 합동고급과정
설립목적	합동전문군사교육 2단계 교육기관(과정)으로서 합동직위 임무수행에 필요한 고급 합동전문인력 육성	영관장교 교육기관의 통합을 통해 일원화된 합동전문인력 육성, 고급 수준의 합동전문인력 육성을 위한 2단계 과정	합동기획과 합동 · 연합작전 능력을 구비한 합동전문인력 육성
교육기간	11개월	12개월(45주)	12개월(45주)
교육대상	중 · 대령(약 40명)	소 · 중령(약 300명)	중령(약 120명)

구분	미국	영국	대한민국
교육 목표	합동 기획능력과 전략적 사고능력을 갖춘 고도의 전문가 육성	각 군 및 합동 · 연합 작전과 국방업무 전반에 대한 폭넓은 지식과 이해를 제공함으로써 지휘, 분석, 의사소통 능력 개발	국방기획 및 합동기획, 합동 · 연합작전 전문가 육성
교육 중점	합동직위 임무수행 능력을 개발함은 물론, 장차 고급 리더십을 발휘할 수 있는 역량을 함양하기 위해 작전기획 능력과 비판적 · 창의적 사고 개발	합동 및 연합 작전과 안보, 국방, 전략에 대한 포괄적 이해력을 높이며, 분석력, 논리적인 판단력, 의사소통 및 의사결정능력 등 배양	국방정책, 군사전략, 합동전력, 합동작전기획 · 계획 능력 구비, 비판적 사고능력, 통찰력, 창의력, 전략적 사고능력 등 지략(智略) 함양

* 출처: U.S. Joint Chief of Staff, *CJCSI 1800.01E; Officer Professional Military Ed ucation Policy*와 *UK ARMY, The Officer Career Development Handbook* 등의 내용을 도표로 요약정리

또한 실제 합동군사대학교 합동참모대학의 **교수요원과 합동고급과정 학생장교를 대상으로 합동고급과정이 합동전문인력 육성을 위한 전문교육과정으로 적합한지에 대해 설문한 결과, 다음 〈그림 4-4〉에서**

〈그림 4-4〉 합동전문교육과정으로서 합동고급과정의 적합성 평가 결과

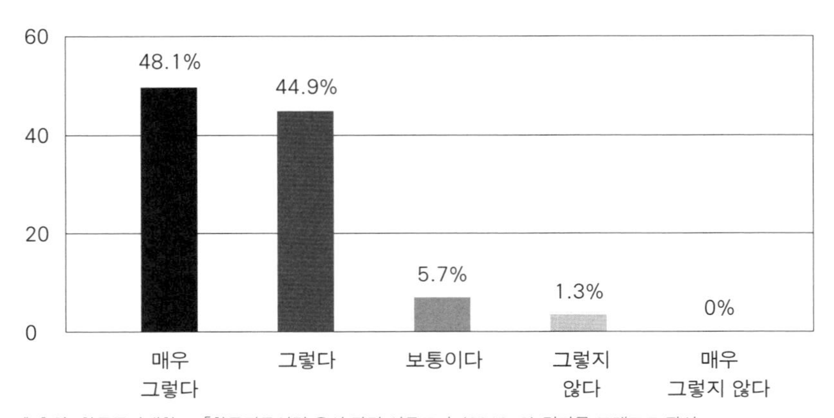

* 출처: 합동군사대학교, 「합동전문인력 육성 관련 설문조사」(2019. 8) 결과를 그래프로 작성

보듯이 93%가 적합한 것으로 나타났다.

〈표 4-6〉 합동전문교육과정으로서 합동고급과정의 적합성 평가 결과

구분	계(318명)	교수요원(71명)	재학생(113명)	졸업생(134명)
매우 그렇다	153명(48.1%)	32명(45.1%)	56명(49.6%)	65명(48.5%)
그렇다	143명(44.9%)	33명(46.5%)	49명(43.4%)	61명(45.5%)
보통이다	18명(5.7%)	5명(7%)	6명(5.3%)	7명(5.2%)
그렇지 않다	4명(1.3%)	1명(1.4%)	2명(1.7%)	1명(0.8%)
매우 그렇지 않다	·	·	·	·

* 출처: 합동군사대학교, 「합동전문인력 육성 관련 설문조사」(2019. 8) 결과를 표로 작성

즉, 위의 〈표 4-6〉에서 보듯이 합참대학 교수요원 71명과 재학생 113명, 그리고 합동고급과정 졸업생 134명 등 총 대상자 318명 중 '합동전문인력 육성을 위해 합동고급과정이 적합한가?'라는 질문에 '매우 그렇다'라는 의견은 153명으로 48.1%, '그렇다'라는 의견은 143명 44.9%로서 **'적합하다'라는 의견이 296명 93%로서 절대적으로 높게 나타났다.** 이에 비해 '보통이다'라는 의견은 18명으로 5.7%, '매우 그렇지 않다'라는 의견은 없었으며, '그렇지 않다'라는 부정적인 의견은 4명으로 1.3%에 불과했다.

또한 대상 그룹별 긍정적인 답변은 다음 〈그림 4-5〉에서 보듯이 졸업생(94%), 재학생(93%), 교수요원(91.6%) 순으로 나타났으나 3% 미만으로 큰 차이가 없는 것으로 분석되었다.

합동고급과정의 교육 중점 및 내용과 관련하여 가장 도움이 되는 분야에 대해 복수선택이 가능하도록 설문한 결과, 다음 〈표 4-7〉과 같이 ① 합동성 89%, ② 합동직위 근무에 필요한 전문성 67%, ③ 중견

〈그림 4-5〉 합동고급과정의 적합성에 대한 그룹별 평가 비교분석

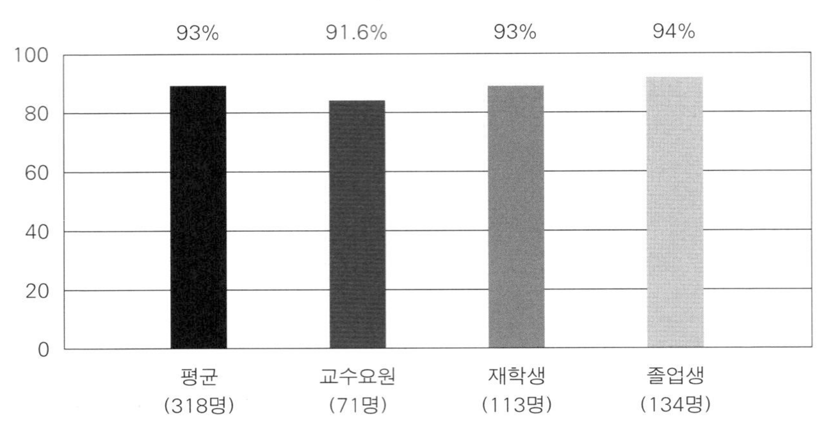

* 출처: 합동군사대학교, 「합동전문인력 육성 관련 설문조사」(2019. 8) 결과를 그래프로 작성

간부로서 필요한 소양 및 리더십 39%, ④ 비판적 사고능력 36%, ⑤ 통찰력 32%, ⑥ 국방부 등 정책직위 근무에 필요한 전문성 25%, ⑦ 연합직위 근무에 필요한 전문성 22%, ⑧ 창의력 8%, ⑨ 연합부서 근무에 필요한 어학능력 6%, ⑩ 기타 3% 순으로 나타났다.

〈표 4-7〉 합동고급과정 교육을 통해 가장 도움이 되는 분야 평가 결과

구분	계(318명)	교수요원 (71명)	재학생 (113명)	졸업생 (134명)
① 합동성	283명(89%)	56명(79%)	99명(88%)	128명(96%)
② 합동직위 전문성	213명(67%)	57명(80%)	70명(62%)	86명(64%)
③ 중견간부 소양, 리더십	124명(39%)	22명(31%)	37명(33%)	65명(49%)
④ 비판적 사고능력	114명(36%)	25명(35%)	48명(42%)	41명(31%)
⑤ 통찰력	103명(32%)	20명(28%)	38명(34%)	45명(34%)
⑥ 국방정책직위 전문성	81명(25%)	17명(24%)	27명(24%)	37명(28%)

구분	계(318명)	교수요원 (71명)	재학생 (113명)	졸업생 (134명)
⑦ 연합직위 전문성	71명(22%)	26명(37%)	19명(17%)	26명(19%)
⑧ 창의력	46명(14%)	10명(14%)	14명(12%)	22명(16%)
⑨ 어학능력	20명(6%)	4명(6%)	10명(9%)	6명(4%)
⑩ 기타	8명(3%)	2명(3%)	3명(3%)	3명(2%)

* 출처: 합동군사대학교, 「합동전문인력 육성 관련 설문조사」(2019. 8) 결과를 표로 작성

여기서 주목할 점은 합동고급과정의 교육 중점이 교육과정을 통해 적절하게 구현되고 있다는 점이다. **특히 「국방개혁법」 등에 명시된 합동전문인력으로서 갖추어야 할 핵심 요소인 합동성과 전문성이 60~80% 이상 가장 높게 나왔다는 점은 합동고급과정이 합동전문인력 육성을 위한 전문교육과정으로서 충분히 적합함**을 나타내고 있다.[72]

이상을 종합해볼 때 **합동군사대학교 합동고급과정은 교육기관 설립목적 등 법적으로 대한민국 유일의 합동전문교육과정으로서 미국과 영국의 합동전문교육과정의 교육목표, 교육기간, 교육대상, 교육내용 및 방법 등을 비교해보아도 그렇고, 합동참모대학 교수요원과 합동고급과정 재학생 및 졸업생 등 학생장교들의 교육효과 평가를 보더라도 합동전문인력 육성을 위한 전문교육과정으로서 충분히 적합하며, 효과가 있음**을 알 수 있다.

72 지표를 보면 일부 창의력 및 어학능력 등 보완이 요구되지만, 합동전문인력 육성 교육과정으로서는 전반적으로 적합함을 보여준다.

2. 합동전문인력 육성정책의 비효과성

대한민국은 창군 이래 역대 정부별로 합동성의 중요성을 인식하고 합동성을 강화하기 위해 나름대로 노력해왔다. 또한 합동전문인력 육성의 필요성을 인식하고 영관장교를 대상으로 하는 합동전문군사교육에도 지속적으로 관심을 가져왔다. 그 결과 1963년 합동참모대학을 창설한 이래 1990년부터는 국방참모대학으로, 2000년부터는 다시 합동참모대학으로, 2011년부터는 합동군사대학교 합동참모대학 합동고급과정으로, 그리고 2020년 12월부터는 합동군사대학교 합동고급과정으로 교육기관 및 과정의 명칭과 지휘관계는 바뀌었지만 합동전문인력 육성을 위한 전문교육과정으로서 지속 발전해왔다.

합동군사대학교 합동고급과정은 교육기관 설립목적, 교육기간, 교육대상, 교육목표, 교육내용 등 어느 면을 보더라도 합동전문인력 육성을 위한 전문교육과정으로 자리매김하고 있으며, 미국, 영국 등 선진국의 전문교육과정과 비교해도 손색이 없다. 또한 합동참모대학 교수요원과 합동고급과정의 재학생 및 졸업생 등 학생장교들의 교육효과 평가 결과를 보더라도 합동전문인력 육성을 위한 전문교육과정으로서 충분히 적합하며, 정책효과가 있는 것으로 나타나고 있다.

이것은 합동군사대학교 합동고급과정이 '국방기획 및 합동기획, 합동·연합작전 전문가 육성'이라는 자체적인 정책목표[73]를 충분히 달성하고 있음을 의미한다. 또한 '합동전문인력 육성'이라는 전체 국방정책목표의 틀에서 보면 '합동군사대학교의 전문교육과정'이라는 하위

---

73 정책목표는 정책을 통해 이룩하고자 하는 바람직한 상태로서 정책의 존재 이유다. 정정길 외, 앞의 책, 619-638쪽.

정책목표 또는 정책수단이 효과적으로 작동함으로써 정책효과를 발휘하고 있음을 입증한다.

그러면 이렇게 매년 120여 명의 우수한 육·해·공군 중령급 장교를 선발하여 전문교육과정에 입교시켜 많은 예산과 시간을 들여 합동전문인력으로 육성하는 목적은 무엇인가? **그것은 「국방개혁법」에 명시된 대로 "국방부, 합동참모본부 및 연합·합동부대에서 근무하는 장교의 직위에 합동성 및 전문성 등 그 직위에 필요한 요건을 갖춘 장교가 보직되도록"[74] 하는 데 기여하기 위함**이다. 그래서 「국방 인사관리 훈령」에도 "각 군 참모총장은 합동참모대학의 합동고급과정 교육을 이수한 장교를 합동직위, 연합·합동직위 또는 합동직위 및 연합·합동직위가 있는 부대에 우선 보직하여야 한다"[75]라고 규정하고 있다. **즉, 합동전문인력 육성정책의 목표는 합동성과 전문성을 갖춘 합동전문인력을 체계적으로 양성하고 적재적소에 보직하는 등 인사관리하여 합동참모본부를 비롯한 합동부대 및 부서의 합동성과 전문성을 향상시킴으로써 전쟁에서 승리할 수 있는 강한 군대를 육성하기 위함**이다. 그래서 2006년 「국방개혁법」 제정 시에도 합동성과 전문성을 갖춘 합동전문인력에 대해 합동특기를 부여하고, 이러한 인력이 합동직위에 보직되도록 법제화한 것이다.

그렇다면 합동고급과정 교육을 통해 배출된 우수인력은 이러한 국방정책목표 달성에 효과적으로 기여하고 있는가? 즉, 합동전문인력에 대한 국방인사관리 정책은 어느 정도 정책효과를 달성하고 있는 것인가? 정책목표를 얼마나 달성하고 있는지 평가해보기 위해 **정책의 효과**

---

74 「국방개혁에 관한 법률」, 제19조 제1항.

75 「국방 인사관리 훈령」, 제62조 제3항.

성을 판단하는 총괄평가의 관점에서 합동직위에 합동자격장교가 보직된 비율, 합동고급과정 졸업생의 합동부서 보직률, 그리고 지속 활용성의 측면에서 합동고급과정 졸업생의 진급률을 살펴보았다.

합동전문인력에 대한 국방인사관리 정책의 기본개념은 한마디로 합동직위를 지정하고 합동성 및 전문성을 갖춘 장교들에게 합동전문자격을 부여하여 합동직위에 우선적으로 보직하는 것이다.[76] 합동직위는 「국방개혁법」 제19조 ②항에 명시된 대로 "합동참모본부 및 연합·합동부대의 장교직위 중 합동성과 전문성이 요구되는 직위에 대하여 합동참모의장의 요청을 받아 국방부 장관이 합동직위로 지정"하게 되어 있다.

2009년 12월 기준 합동직위는 대령직위 115개, 중령직위 356개, 소령직위 89개로 총 560개다. **이 중 합동전문자격을 보유한 인원의 합동직위 보직률은 15%에 불과**하다. **더욱이 2009년도 합동참모대학 졸업생의 합동부서 보직률은 8%로 더욱 낮다.**[77] 이것은 합동직위를 포함한 합참, 연합사, 합동부대[78] 등 모든 합동부서 보직률을 기준한 것이기 때문에 합동직위 보직률은 이보다 더 낮을 것이다. 이후 국방부에서는 합동전문자격자의 합동직위 보직률을 향상시키기 위해 합동직위 수를 지속적으로 확대하는 등 많은 노력을 경주해왔다.[79]

---

76 2010년부터는 전작권 전환에 대비하여 여기에 '연합·합동전문인력'이라는 개념을 추가하고 있다. '연합·합동직위'를 지정하고 합동전문인력의 요건인 합동성·전문성뿐만 아니라 어학능력까지 갖춘 장교들에게 합동·연합전문자격을 부여하여 연합·합동직위에 우선적으로 보직하도록 되어 있다.

77 합동참모대학, 「합동군사교육 및 인사제도 발전방향」, 『합동성강화 대토론회』(합동참모본부, 2010. 3. 26), 91쪽.

78 2009년 기준 합동부대는 국군통신사, 국군화생방사, 국군수송사, 국군심리전단이다.

79 '12년 513개, '13년 680개, '16년 739개로 지속 증가되었다. 문승하 외, 앞의 글, 77쪽.

그 결과 아래 〈표 4-8〉과 같이 **2019년 10월을 기준으로 합동직위는 총 771개로 확대되었고, 합동전문자격을 보유한 인원의 합동직위 보직률도 34.8%로 다소 향상되었으나 아직도 매우 낮은 수준**이다.

〈표 4-8〉 합동직위에 합동전문자격자의 보직률(2019. 10 기준)

구분	계	합참	연합사	합동부대
합동직위	771개	480개	248개	43개
합동전문자격자의 보직인원	268명	177명	81명	10명
보직률	34.8%	36.9%	32.7%	23.6%

* 출처: 합동참모본부 인사관리 및 지원과, 「합동 및 연합 · 합동직위 보직현황」(합동참모본부, 2019. 10. 8), 1쪽.

또한 **2013년도부터 2018년도까지 합동참모대학 합동고급과정 졸업생의 합동부서 보직률은 다음 〈표 4-9〉에 제시된 것처럼 평균 13.04%로 2009년 8%보다 다소 향상되었으나 여전히 낮은 수준**이다.

〈표 4-9〉 합동고급과정 졸업 후 합동부서 보직률

구분	평균	'18년	'17년	'16년	'15년	'14년	'13년
졸업인원 (장교)	96.7명	105명	101명	97명	89명	95명	93명
합동부서 보직인원	14.5명	7명	15명	17명	17명	15명	16명
보직률	13.04%	6.25%	12.93%	14.91%	16.04%	13.64%	14.68%

* 출처: 합동군사대학교, 「합동고급과정 입교대상 및 졸업 후 보직분석(결과)」(합동대, 2019. 7. 25), 4쪽.

합동고급과정 졸업생의 진급률도 각 군의 평균 진급률보다 높지 않은 수준이다. 예를 들어 **1992년부터 2008년까지 졸업생 중 대령으**

로 진급한 비율은 31.6%이며, 장군 진급률은 3%[80]로 「국방 인사관리 훈령」 제64조에 명시된 "합동직위에 근무 중인 합동전문인력의 진급은 자군의 계급별·병과(특기)별 평균진급률을 고려하여 선발하여야 한다"[81]라는 조항과 관련이 있어 보인다.

그런데 엄밀하게 보면 이 조항은 합동전문자격을 보유하고 합동직위에 근무 중인 인원이 진급에서 불이익을 받지 않도록 배려한 것일 뿐 합동전문교육과정을 졸업한 인원에 대한 방침은 아니며, 합동고급과정 졸업자에 대한 별도의 진급관리 방침은 없다. 그리고 만일 이 조항을 적용한다고 해도 전투병과가 대부분인 합동고급과정 졸업생에 대한 진급관리 방침으로는 부적절하다.

이것은 다음 〈표 4-10〉에서와 같이 미국과 영국의 합동전문교육과정 졸업생에 대한 인사관리와 비교해보아도 명확히 드러난다. **미국·영국은 이 과정 졸업생을 합동직위에 보직함은 물론이고, 대부분 차상위 계급으로 진급시키는 등 적극 활용하는 데 반해 대한민국은 활용이 매우 낮다.** 결국 미국과 영국의 합동전문인력 육성정책이 교육과 인사관리를 효과적으로 연계시킴으로써 정책효과를 거두고 있는 반면, 대한민국의 합동전문인력 육성정책은 1년간 중령급 장교들을 선발하여 합동전문교육과정에 교육시키고도 정책효과를 거두지 못하고 있다.

---

80 권혁철 외, 앞의 글, 1쪽.

81 「국방 인사관리 훈령」, 제64조 제3항.

〈표 4-10〉 미국 · 영국 · 대한민국 합동전문교육과정 졸업생의 인사관리 비교

구분	미국	영국	대한민국
교육과정	합동참모대학의 합동고급전쟁수행과정	합동지휘참모대학의 고급지휘참모과정	합동군사대학교의 합동고급과정
교육기간	11개월	12개월(45주)	12개월(45주)
교육대상	중 · 대령(약 40명)	소 · 중령(약 300명)	중령급(약 120명)
졸업자 보직관리	합동직위에 100% 보직	대부분 합동직위에 보직	약 13%만 합동직위에 보직
진급관리	• 거의 대부분 대령으로 진급 • 합동자격장교가 되지 못하면 장군 진급이 제한되도록 법으로 규정	• 거의 대부분이 차상위 계급으로 진출 • 영국군 3성 장군 이상 주요 직위자는 대부분 고급지휘참모과정 출신	• 약 31.6%만 대령으로 진급(평균진급률 수준) • 졸업생 중 장군 진급률은 약 3% 수준

* 출처: U.S. Joint Chief of Staff, CJCSI 1800.01E; *Officer Professional Military Education Policy*와 *UK ARMY, The Officer Career Development Handbook* 등의 내용을 도표로 요약정리

또한 **합동전문자격을 보유한 인원의 합동직위 보직률이 30% 정도 수준이라는 것은 대한민국 합동전문인력 육성정책의 목표 달성률이 매우 낮은 수준임을 의미**한다. 역대 정부가 합동성을 강화하고 합동전문인력을 체계적으로 육성하기 위해 「국방 교육훈련 훈령」, 「국방 인사관리 훈령」 등에 **관련 정책을 발전시키고, 합동직위, 합동전문자격, 합동전문인력 인사관리 등의 제도적 장치를 만들어 지속 보완해왔음에도 정책이 비효과적으로 작동**하고 있다. 또한 교육기관과 교육과정을 개편하는 등 교육에 많은 예산과 노력을 투입해왔음에도 **정책효과는 매우 저조**하다는 의미다. **합동전문인력 육성정책의 효과의 저조, 즉 합동전문자격자와 합동고급과정 졸업자의 합동직위 및 합동부서 보직률이 낮고, 합동고급과정 졸업자의 지속 활용성이 저조하다는 것은 그만큼**

한국군의 합동성 수준 향상도 지연됨을 의미한다.

2016년 합참이 한국국가전략연구원에 의뢰하여 합참, 각 군 본부 등에 근무하는 중령~장성 900명을 대상으로 설문조사하여 **한국군 합동성의 수준을 분석·평가한 결과, 5단계 수준 중 75.5%가 1·2단계 정도의 낮은 수준으로 평가했다. 그리고 합동성을 저해하는 요인으로는 자군 중심주의가 58.2%로서 가장 많았고, 타군에 대한 이해 부족이 22%, 구조 및 편성 문제가 11%**로 뒤를 이었다.[82] 이는 한국군의 합동성 수준이 낮으며, 합동성을 강화하기 위해 많은 정책적 노력을 함에도 정책효과가 저조하다는 것을 나타낸다.

그렇다면 "타군을 이해하고 자군 중심주의를 극복"할 수 있는 가장 좋은 합동성 강화방안은 무엇인가? 그것은 교육을 통해 타군은 이해하고 자군 중심주의를 탈피하게 만드는 것이다. 특히 합동전문교육과정을 통해 합동성과 전문성으로 무장하고 졸업한 우수한 장교들을 합참 등 합동부대의 핵심직위에 보직시켜 군을 이끌도록 하는 것이다. 그래서 미국과 영국 등 선진국은 합동전문인력을 육성하고 효과적으로 활용하는 데 국가적 차원에서 그렇게 많은 관심을 기울이고 있다.

미국과 영국은 19세기부터 숱한 전쟁을 경험하면서 합동성의 중요성을 조기에 인식했고, 월남전과 1980년 테헤란 미 대사관 인질구출 작전 실패, 1983년 그레나다 작전 실패, 영국의 포클랜드 전쟁 등 실제 전쟁과 작전을 경험하며 조직 등 외적으로 합동성을 강화해도 이를 운용하는 사람이 제일 중요함을 절감하게 되었다. 그래서 장교들의 전반적인 합동군사교육을 강화하는 한편, 특히 합동전략, 합동전력, 합동작

---

82 한국국가전략연구원, 「우리 군의 합동성 진단 및 합동성 강화 발전방안」, 『합동참모본부 정책연구보고서』(서울: 한국국가전략연구원, 2016), 45-40쪽.

전 등 각 군의 이해가 첨예하게 부딪히는 합동직위에는 자군 중심주의에서 탈피하여 오로지 국가이익과 합동성의 관점에서 근무할 합동전문가를 보직하기 위해 합동전문교육과정을 중시했다. 입교자는 장차 군을 이끌어갈 최고 우수자원으로 엄선하여 합동성과 전문성을 갖춘 합동전문인력으로 양성한 다음, 졸업과 동시에 합동전문자격을 부여하고, 합동직위에 100% 보직함은 물론, 거의 100% 차상위 계급으로 진급시키는 등 지속적으로 인사관리 할 수 있도록 여러 가지 정책적 · 제도적 장치를 보완해왔다. 그 결과, 군의 합동성이 강화되고 걸프전, 이라크전 등 각종 실제 전투와 작전에서 효과를 보고 있다.[83]

한국군도 이를 교훈 삼아 지난 몇십 년 동안 합동성을 강화하기 위해 노력해왔으며, 교육의 중요성을 인식하여 합동교육을 강화하고 합동전문고급과정을 운영해왔다. 그리고 합동전문인력 인력을 육성하고 활용하기 위해 많은 정책적 · 제도적 장치를 구축해왔다. **그러나 합동전문교육을 통해 배출된 인력을 효율적으로 활용하지 못함으로써 정책효과가 저조한 것이며, 합동성과 전문성으로 무장한 합동전문인력에 의해 합참을 비롯한 합동부대가 주도되지 못함으로써 한국군의 합동성 수준은 아직도 "각 군 중심주의와 타군에 대한 이해 부족" 등으로 낮은 수준**에 머물러 있다.

83 이라크전, 아프가니스탄전과 관련하여 전쟁의 목적 등 국가전략적 차원에서 일부 비판이 있으나 군사전략목표 달성을 위한 작전의 효과, 효율 등 작전적 측면에서는 긍정적인 평가가 많다.

제5장

합동전문인력 육성정책의 효과 저조 원인

한국군의 합동전문인력 육성정책 효과가 이렇게 저조한 이유는 무엇인가? 한국군도 미국과 영국처럼 다양한 정책적·제도적 장치를 구축했음에도 왜 효과를 거두지 못하고 있는가? 2010년 천안함 폭침 사건, 연평도 포격도발 사건의 핵심적인 교훈으로 제기된 합동성의 문제를 해소하기 위해 합동군사대학교를 창설하고 합동교육을 강화하는 등 나름의 노력을 경주해왔는데,[1] 왜 아직도 한국군의 합동성은 저조한 것일까? 왜 많은 시간과 예산을 들여 합동전문교육과정을 운영하면서도 졸업생들을 활용하지 못하는 것일까? 왜 합동직위에 합동전문자격장교의 보직률은 개선되지 않는 것일까?

그 이유는 첫째, 합동전문인력 육성 관련 국방 인사관리정책이 불합리하게 되어 있고, 둘째, 합동전문인력 육성에 대한 국방 교육정책이 무관심하며, 셋째, 국방 교육정책과 인사관리정책이 비연계(decoupling)되어 있을 뿐만 아니라, 넷째, 그 뿌리에는 합동성에 대한 정권의 정치적 접근과 각 군 중심주의, 그리고 국방부·합참의 무관심이 자리 잡고 있기 때문이다.

---

1 제4장 1절에서 살펴본 것처럼 이명박 정부는 2010년 3월 26일 북한의 천안함 폭침 사건과 그해 11월 23일 연이어 발생한 연평도 포격도발 사건을 계기로 '국방선진화위원회'와 '국가안보총괄점검회의'를 가동하여 기존 국방태세의 미비점을 진단하고 보완방향을 제시토록 했다. 그 결과 핵심요인으로 지목된 것이 합동성 미흡의 문제이며, 그래서 영국의 국방참모총장제처럼 상부지휘구조를 강화하기 위해 국방개혁을 추진했으나 좌절되었고, 영국처럼 영관장교 교육기관들을 통합하여 합동군사대학교를 창설했으나 교육과 인사관리의 비연계 문제는 여전히 개선되지 않았다.

제1절 국방 인사정책의 불합리성

1. 합동전문자격제도의 불합리성

합동전문자격제도는 「국방개혁법 시행령」 제10조 제2항에 따라 합동성과 전문성의 요건을 갖춘 장교에게 자격을 부여함으로써 합동직위에 보직하는 등 합동전문인력을 체계적으로 육성·관리하기 위한 제도다.[2] 즉, **합동전문인력육성 정책목표를 구현하기 위한 정책수단 중 가장 핵심적인 제도다.** 합동전문자격 부여 기준은 「국방개혁법 시행령」 제10조 제2항에 다음과 같이 명시하고 있다.

> **제10조** (합동직위의 지정 등)
>
> (중략)
>
> ② 법 제19조 제3항에 따른 합동특기 등의 전문자격은 다음 각 호의 어느 하나에 해당하는 장교에 대하여 부여한다.
>
> 1. 합동직위에 1년 6개월 이상 근무한 자
> 2. **합동참모대학에 설치된 기본과정 및 이에 상응하는 국외군사과정 이수자 중 합동직위에 근무한 자**

---

2 「국방 인사관리 훈령」, 제56조 제1항.

3. 각 군 참모총장은 제2항에 따라 합동특기 등의 전문자격을 부여받은 장교를 합동직위에 우선 보직되도록 하여야 한다.
4. 그 밖에 합동직위의 운영에 관하여 필요한 사항은 국방부 장관이 정한다.[3]

이를 기초로 「국방 인사관리 훈령」에는 합동전문자격 기준을 다음과 같이 구체화하여 적용하고 있다.

1. 합동직위에 1년 6개월 이상 근무한 자
2. **합참대에 설치된 기본과정 및 이에 상응하는 국외 군사과정 이수자 중 합동직위에 근무한 자**
3. 국방대 안보과정, **합참대 합동고급과정 및 합동대 기본정규과정 이수자 중 합참 및 연합/합동부대에서 1년 이상 근무한 자**
4. 해외파병 6개월 이상 근무자 중 합동부대에서 1년 이상 근무한 자
5. 해외 연락장교, 교환교관, 무관직위 등에 2년 이상 근무자로서 합동부대에서 1년 이상 근무한 자
6. 타군에 파견되어 1년 6개월 이상 근무한 자
7. 국방부, 국직 부대(기관), 합참 및 연합/합동부대에서 1년 6개월 이상 근무한 자
8. 각 군 참모총장이 선발심의위원회에서 자격이 있다고 의결한 자[4]

여기에 명시된 기준을 보면 놀라지 않을 수 없다. 원래 취지는 합

3 「국방개혁에 관한 법률 시행령」, 제10조 제2항.
4 「국방 인사관리 훈령」, 제61조 제1항.

동성과 전문성을 갖춘 합동전문인력에게 자격을 부여하여 합동직위에 보직시켜 합동성을 강화하기 위한 것인데, 과연 「국방 인사관리 훈령」에 명시된 이러한 기준들이 타당한지 의문이다.

관련 전문교육을 받지 않아도 합동직위뿐만 아니라 국방부, 국직부대(기관), 합참 및 연합·합동부대에서 1년 6개월만 근무하면 합동전문자격을 부여받는다는 것이 이 제도의 핵심인데, 이러한 모든 부대에서 1년 6개월 이상만 근무하면 합동성과 전문성을 갖춘 합동전문인력이 되는 것인가? **역으로 아무리 1년간 합동전문교육과정에서 공부하고 졸업해도 무조건 합동직위에 1년 이상 근무한 다음에야 합동전문자격을 부여받을 수 있다는 것인데, 합동전문자격을 획득하는 데 6개월을 절약하기 위해 과연 중령급 장교 중 누가 입교할 것인가?** 다른 이유라면 몰라도 합동전문자격을 부여받기 위해 굳이 합동참모대학을 갈 이유는 없다.

왜냐하면 대부분의 육군 중령들은 필수보직인 대대장 직책을 약 2년간 근무하게 되면 2~3년 후에는 대령 진급 심사 대상이 된다. 그러므로 차후 보직이 매우 중요하다. 따라서 **대대장을 마치는 거의 모든 장교는 진급에 절대적으로 유리한 국방부, 합참, 각 군 본부, 작전사 등의 주요 핵심 보직에 곧바로 보직되는 것을 선호하지 합동직위를 우선시하지 않을뿐더러 곧바로 합동직위로 갈 수 있는데 굳이 1년 동안 합동고급과정에 입교해서 공부한 후에 합동직위로 가려고는 더더욱 하지 않는다.** 더구나 빨리 가서 1년 6개월만 근무하면 합동전문자격도 획득할 수 있는데 누가 합동고급과정에 가겠는가? 사정이 이렇다 보니 합동고급과정을 졸업해도 대부분의 합동직위는 이미 동기생이 들어가 있어서 갈 수 있는 자리가 별로 없다. 또한 합동직위를 관리하는 상급자들 입장에서 보면 대대장을 마치고 능력이 검증된 우수한 장교를 더 선호하게 되어 있다. **합동고급과정에서 아무리 1년 동안 공부하여 합동성과 전문성을 함양했다고 해도 우선순위가 떨어질 수밖에 없다. 이러한 제도적 불합리성으로 "교육과 보직의 괴리"라는 악순환이 개선되지 않는 것**이다.

물론 2006년 법 제정 당시의 취지는 어느 정도 이해가 간다. 그 당시 합참 등 합동직위에서 실제 근무하고 있는 장교들을 배려하여 합동직위 근무 경험을 최우선적으로 존중하겠다는 의미다. 여기에는 당시 합참에 근무하는 장교들의 의견도 반영되었지만, 합참대학의 설립목적이나 교육목표, 교육과정 등에 대한 이해와 믿음이 부족했던 당시 분위기와도 관련이 있다.

그러나 **이미 이 제도가 시행된 지 10여 년이 지났는데도 1년간 합동전문가과정인 합동고급과정을 졸업한 중령과 3개월의 합동기본교육을 받고 합동기본정규과정을 수료한 소령을 동일시하고, 약 3개월의 미국 합참대 위탁교육을 다녀온 장교, 해외파병 근무자, 해외 연락장교, 교환교관, 무관 등과 동일시하는 것을 보면 아직도 합동고급과정에 대한 이해가 얼마나 부족한지 알 수 있다.**

또한 「국방개혁법」 제정 시 합동전문인력 육성을 위한 '합동교육', '합동직위', '합동전문자격' 등의 제도를 정립하면서 가장 많이 참고한 것이 미국의 「골드워터-니콜스 법」에 의한 '합동특기제도(Joint Specialty System)'인데, **문제는 미국이 그 제도를 20여 년간 시행하면서 나타난 문제점을 보완하여 새로운 제도로 대체하는 시점에서 과거의 제도를 참고함으로써 미국의 시행착오를 답습하게 되었다는 점**이다.

「골드워터-니콜스 법」은 제3장 제1절에서 살펴보았듯이 합동성을 강화하기 위해 1986년 의회에서 주도하여 제정한 「국방개혁법」이다. 이 법에 따라 합참의장과 합동참모본부, 통합군사령관의 권한이 대폭 강화되었고, 합동전문인력에 대한 교육체계와 합동특기 부여, 보직, 진급 등 육성 및 관리시스템이 구체적으로 발전하게 되었다.[5] '합동특기제도'의 기본개념은 제3장 제4절에서 살펴보았듯이 '합동전문군사교육 1·2단계(JPME-Ⅰ·Ⅱ)'를 수료한 장교가 합동직책에서 일정 기간 근무하면 '합동특기장교(JSO)'로 지정하는 것으로, 이는 한국군이 현재 적용하고 있는 '합동전문자격제도'와 매우 유사하다.

그러나 **미국은 한국군이 현재 직면하고 있는 문제들을 이미 오래전에 인식하고 개선**했다. 20여 년간 이 제도를 시행하면서 우수한 요원들이 합동직책을 선호하지 않는 등 정책효과를 거두지 못하자 2007년부터 '합동자격제도(Joint Qualification System)'로 개편하여 시행하고 있다. 이 제도의 핵심은 교육과 보직을 연계시키는 기존의 합동특기제도의 방식을 존중하면서도 '표준합동직위' 외의 유사 직위와 합동훈련, 합동연습 등의 '합동경험'도 인정하는 융통성을 부여했다는 데 있다.

그런데 여기에는 기존의 연구에서 잘 드러나지 않았던 중요한 제도의 변화가 있었다.[6] 그것은 다음 〈그림 5-1〉과 같이 **기존에는 합동전**

---

5 「골드워터-니콜스 법」의 핵심 내용은 ① 국방부 기구를 효율적으로 재조직하고 민간통제를 강화하기 위해 장관, 차관 등 임무와 권한 재정립, ② 합참과 통합군사령부의 권한 강화, ③ 국방부 직할 부대 등 국방기관들의 설치와 관리, 특히 이 기관들의 활동에 대한 합동성 차원에서의 합참의 평가 권한, ④ 합동전문인력에 대한 자격부여 및 관리체계, ⑤ 합동성을 강화하기 위한 각 군 성 및 각 군 본부의 편성과 주요 직위자의 요건, ⑥ 기타 국방 자원의 효율적 사용과 행정 관련 개선사항 등이 망라되어 있다. PUBLIC LAW 99-433-OCT. 1, 1986 GOLDWATER-NICHOLS DEPARTMENT OF DEFENSE REORGANIZATION ACT OF 1986, http://search.naver.com/search.naver?sm=top_hty&fbm=1&ie=utf8&query=Goldwater-Nichols+Act&url=https%3A%2F%2Fhistory.defense.gov%2FPortals%2F70%2FDocuments%2Fdod_reforms%2FGoldwater-NicholsDoDReordAct1986.pdf&ucs=U1v5yYRH1zoy(검색일: 2019. 8. 15)

6 이 분야의 가장 깊이 있는 연구인 김효중·박휘락·이윤규, 「합동성 강화를 위한 합동전문자격제도 발전방향」, 『2008년 국방정책 연구보고서 08-04』(서울: 한국전략문제연구소, 2008)와 한상용 외, 「연합/합동성 강화를 위한 인사관리 방안」, 『2015년 합동참모

〈그림 5-1〉 미국의 '합동특기제도'와 '합동자격제도' 비교

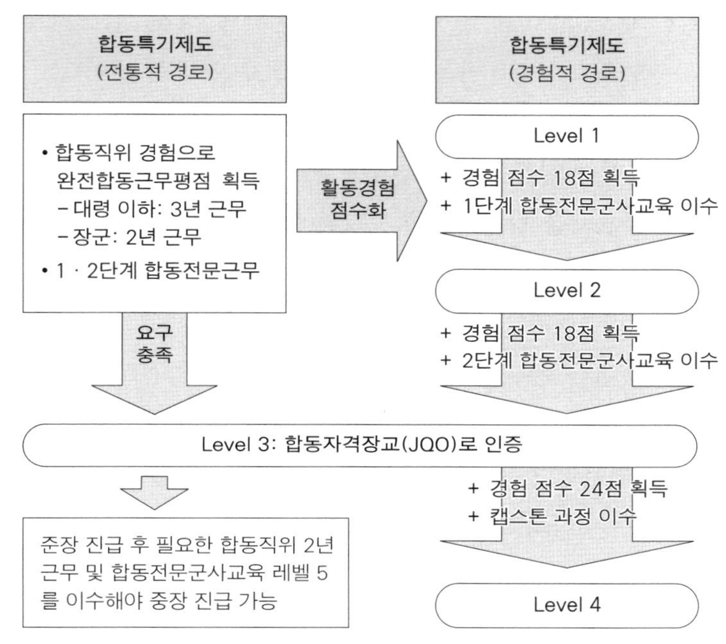

* 출처: Office of the Deputy Under Secretary of Defense(MPP), *op. cit.*, p. 12.

문군사교육을 받아도 합동직위에서 일정 기간 근무해야 합동장교의 자격을 부여받을 수 있었는데, 변경 후에는 합동근무 경험이 있는 장교가 합동전문군사교육 2단계를 수료하면 곧바로 '합동자격장교(JQO)'로 인증받을 수 있게 되었다는 점이다.[7] 제도가 변경되면서 합동전문군사교

본부 정책연구보고서』(서울: 한국군사문제연구원, 2015)는 합동자격제도의 다양한 합동경험을 인정하는 융통성 부분 위주로 분석했다.

7 즉, 장교양성교육을 수료하면 레벨 1을 인증받게 되고, 소위~소령 근무 기간 중 합동자격점수를 18점 이상 획득 후 합동전문군사교육 1단계를 수료하면 합참의장이 레벨 2를 인증하며, 이후에 합동자격점수를 18점 이상 획득하거나 합동전문군사교육 2단계를 성공적으로 수료하면 국방장관이 레벨 3, 즉 합동자격장교로 인증한다. 자세한 내용은 제3장

육 2단계 교육기관인 합동지휘참모대학 합동고급전쟁수행과정(JAWS)을 졸업하게 되면 그와 동시에 국방부 장관에 의해 '합동자격장교(JQO)'로 인증되고 100% 합동직위에 보직될 수 있게 된 것이다.

이처럼 미국은 합동전문군사교육 후 곧바로 합동자격을 부여하는 제도 개선을 통해 합동 경험과 전문교육을 받은 우수한 장교들로 합동전문 인재 풀(pool)을 창출하고 합동직위에 활용하는 등 정책효과를 거둔 데 반해 대한민국은 「국방개혁법」 제정 과정에서 이러한 부분을 간과했다. 미국이 1986년부터 '합동특기제도'를 시행했고 미비점을 보완하기 위해 수년간 연구 끝에 2007년부터는 더욱 발전된 '합동자격제도'를 적용하고 있는데, **공교롭게도 대한민국은 몇 년간 논의 끝에 바로 그해에 합동전문인력 육성방향을 담은 「국방개혁법」을 처음 시행했다. 그런데 문제는 미국의 과거 제도인 '합동특기제도'를 참고한 것**이다.

미국은 합동성을 강화하기 위해 핵심을 합동전문군사교육과 합동장교인사관리에 두고 20여 년간 정책을 추진하면서 나타난 문제점을 보완하고 정책효과를 높이기 위해 2000년대부터 국가적 차원에서 관심을 기울였다. 제도 개선을 위한 군 내·외부의 연구가 활발히 이루어졌으며, 2005년 레이건 대통령은 「국방수권법안(National Defense Authorization Act)」을 통해 국방부에서 이 문제 해결을 위한 계획을 수립하도록 지시했다.[8] 그리하여 국방부는 2007년 7월 30일부로 「합동자격제도」

제4절 내용 참조.

8 「2007년 국방수권법(NDAA '07)」 516조에는 국방부 장관에게 합동자격 등급과 기준 설정과 관련하여 다음과 같이 명시되어 있다. "국방부 장관은 여러 합동자격 등급을 정하고 각 등급별 세부 자격기준을 설정해야 한다. 각 등급은 최소한의 합동교육 기준과 합동 근무경험 기준을 포함해야 한다. 각 등급 자격기준을 설정하는 목적은 장교들에게 합동문제와 관련하여 체계적이고 점진적이며 지속적으로 능력을 개발할 수 있도록 하고, 장군들에게 합동문제와 관련하여 고도의 수준에 도달할 수 있는 필수적인 경

를 공식적으로 발표하고, 2007년 10월 1일부로 유효화시켰다.[9] 이것은 미국 내 합참, 국방부는 물론 RAND연구소 등에서 꽤 오랜 기간 동안 공개적으로 연구되고 논의되었음을 보여준다. 그럼에도 **대한민국이 「국방개혁법」을 제정하면서 중요한 이 부분을 간과했다는 것은 그 당시 합동전문인력 육성에 대한 이해와 관심과 연구가 얼마나 부족했는지를 여실히 보여준다.**

합동전문자격제도에 있어 또 하나 불합리한 점이 있다. 진급관리면에서 아무리 합동고급과정을 졸업하고 합동직위에 보직되어 1년 이상 근무하여 **어렵게 합동전문자격을 부여받아도 합동전문자격자에 대한 진급관리상 유리한 점이 별로 없다.** 합동전문자격을 보유한 합동전문인력의 진급과 관련하여 국방부는 각 군 본부에서 "진급 선발 시 계급별 · 병과(특기)별 평균진급률을 고려하여 선발"하도록 강조하는 정도다.[10]

이것은 미국이나 영국과 너무나 비교된다. 이들 국가는 합동전문교육과정 입교대상자를 졸업 후 합동직위에 100% 보직시킬 수 있는 우수자로 엄선하여 선발하고 대부분 대령으로 진급시키고 있다. 미국은 국방장관이 매년 합동전문자격장교들의 진급상태를 국회에 보고하도록 하는 등 국회 차원에서 이를 철저히 감독하고 있다. 그래서 합동전문인력이 되지 못하면 장군 진급이 제한되고, 통합군사령관, 합동군사령관, 각 군 참모총장 등 중장급 이상 고위직 진출이 제한된다.

합동전문자격제도에는 또 다른 문제도 있다. 국방인사정책상 연

험과 교육을 받도록 보장하기 위함이다." https://www.govinfo.gov/content/pkg/PLAW-109publ364/html/PLAW-109publ364.htm(검색일: 2020. 2. 28)

9 Office of the Deputy Under Secretary of Defense (MPP), *op. cit.*, p. 21.

10 「국방 인사관리 훈령」, 제56조 제5항.

합·합동전문자격에는 '연합·합동전문 예비자격'이라고 하여 합동전문자격이나 연합·합동작전 부특기를 보유하지 않았어도 일정 수준의 어학능력만 갖추면 예비자격을 부여하여 인사관리하고 있다.[11] 예비자격을 조기에 부여하는 것은 그만큼 그 전문자격을 적극적으로 인사관리한다는 의미다.

반면, 합동전문자격에는 별도의 예비자격제도가 없다. 형평성 측면에서 보면 당연히 '합동전문 예비자격'도 있어야 하고, '연합·합동전문 예비자격'의 기준을 고려할 때 합동참모대학 합동고급과정 졸업자에게 '합동전문 예비자격'을 부여하는 것이 타당할 것이다. 그런데도 합동전문자격에 대해서는 그러한 배려가 없다. 이것을 보면 전시작전권 전환이 이슈화되면서 연합·합동전문인력에 대한 관심은 높아진 반면, 합동전문인력 육성에 대해서는 얼마나 관심이 부족하고 소홀한지를 단적으로 보여주고 있다.

「국방개혁법」을 시행한 지 10년 이상 지나고 매년 같은 문제가 반복되며 정책효과가 지속적으로 저조한데도 국방부와 합참은 아직도 여기에 관심이 부족하다. 저조한 합동전문인력 육성정책 효과를 높이기 위해 합동전문자격 기준을 합리적 개선하거나 불합리한 「국방개혁법 시행령」을 개정하려는 노력은 아직 보이지 않고 있다.

---

11 참고로 각 군에서 합동전문자격을 심의하여 승인 시에는 인사자력표에 (J)를 부여하고, 연합·합동전문자격에는 (JC)를, 연합·합동전문예비자격에는 (L)을 부여하도록 되어있다. 위의 훈령, 제61조.

2. 합동전문인력에 대한 인사관리의 불공정성

합동전문자격을 부여받아 국방부에서 규정한 '합동전문인력'이 되어도 국방전문인력으로 분류되어 있지 않기 때문에 인사관리가 불공정하고 불합리하다. 즉 합동전문인력은 국방전문인력과 같은 선발-교육-보직부여-경력관리-적정 진급률 보장 등의 합리적인 인사관리를 받을 수 없다. 왜냐하면 합동전문인력은 전문인력이면서도 국방전문인력의 범주에 포함되어 있지 않기 때문이다.

'전문인력(專門人力: Professional Personnel)'은 "어떤 분야에 상당한 지식과 경험을 가지고 오직 그 분야만 연구하는 인력"[12]으로, '군 전문인력'이란 "전문분야 교육 및 근무를 통하여 전문지식과 경험을 갖춘 장교"[13] 또는 "미래의 안보환경과 전장 상황을 주도할 수 있는 군사전문지식과 기술을 갖춘 군사 전문요원"[14]으로 개념을 정의하고 있다.

이 기준에서 보면 '합동전문인력'은 당연히 전문인력의 범주에 포함된다. 왜냐하면 합동전문인력은 「국방개혁법」 제19조에 명시된 대로 "국방부, 합참, 연합·합동 부대의 합동직위 근무에 필요한 합동성 및 전문성 등이 필요한 전문요건을 갖춘 장교"[15]이기 때문이다. 또한 '전문인력직위'처럼 '합동직위'가 지정되고 관리되고 있으며, '합동전문인력'이라는 전문자격과 '합동전문자격'이라는 전문자격제도도 규정되어 명시하고 있다. 무엇보다 「국방 인사관리 훈령」 제3장 '전문인력 인사

---

12 우리말샘, https://ko.dict.naver.com/#/search?query=%EC%A0%84%EB%AC%B8%EC%9D%B8%EB%A0%A5&range=all(검색일: 2019. 7. 12)

13 국방부, 「국방 전문인력 육성 및 관리지침」(국방부, 2002), 3쪽.

14 육군본부, 「육규116: 인재개발규정」(육군본부, 2018. 7. 16), 7쪽.

15 「국방개혁에 관한 법률」, 제19조 제1항.

관리'에도 '합동전문인력 관리'를 제2절로 포함하고 있다.[16] **이를 보면 국방부 인사관리정책에서도 합동전문인력을 기본적으로 전문인력으로 보고 있음**을 알 수 있다.

그러면서도 「국방 인사관리 훈령」에는 군 전문인력을 "주간 위탁교육으로 석사 이상의 학위과정을 이수했거나, 「군인사법 시행규칙」 제17조에 따른 직위[17]에 활용이 가능하다고 판단된 장교로서 국방부 장관 또는 각 군 참모총장으로부터 '국방전문인력'으로 임명된 사람"[18]으로 정의하고 있는데, **문제는 이 범위에 합동전문인력이 포함되지 않는다는 것이다. 왜 그럴까? 그 이유는 전문인력제도 발전과정과 관련**이 있다.

한국군에서 초기 단계의 전문인력 개념은 "특정 분야 직무에서의 전문가"를 의미했다. 그래서 1962년 「군 인사법 시행령」이 처음 제정될 때는 '전문인력직위'가 아닌 '특수직위'라는 용어가 사용되었으며, "군 인사법 제17조 제1항에 규정된 특수직위라 함은 제777부대장, 해외주재 무관, 국방대학원 교수, 사관학교 교수 및 기타 국방부 장관이 인정하는 특수전문 분야에 속하는 직위"[19]로 한정되었다. 그리고 1984

---

16 2008년 최초로 「국방 인사관리 훈령」을 제정했을 때는 제2절 '합동전문인력 관리'였으나 그 이후 개정되면서 여기에 연합·합동 전문인력도 추가하여 제2절 '합동전문인력, 연합·합동 전문인력 관리'가 되었다. 구 「국방 인사관리 훈령」(제정 2008. 6. 25. 국방부 훈령 제943호), 제52조 내용 참조.

17 제17조는 전문인력 직위의 범위를 다음과 같이 명시하고 있다. "(1) 정책부서의 직위: 인사·조직 및 교육 분야, 정책기획·군사전략 및 작전 분야, 전력정책 및 소요기획 분야, 군수정책 분야, 국방관리분석 분야. (2) 전산 및 연구개발 분야의 직위. (3) 정보, 기무, 시설, 통신기술 등 전문적인 기술 또는 기능이 요구되는 직위. 국방부, 「군인사법 시행규칙」, 『2019년 국방조직관련 법령집』, 857쪽.

18 「국방 인사관리 훈령」, 제47조 제1항.

19 「군인사법 시행령」(시행 1962. 2. 6. 각령 제426호), http://www.law.go.kr/lsSc.do?tabMenuId=tab27#undefined(검색일: 2020. 2. 22)

년 개정되면서 '특수직위' 범위에 "정책관리 · 연구개발 · 관리정보 및 특수정보 분야의 직위 중 국방부 장관이 정하는 특수관리 분야에 속하는 직위"[20]가 추가되었다.

그러다가 1996년 「군 인사법 시행령」이 개정되면서 30여 년간 사용되던 '특수직위'라는 용어가 '전문인력직위'로 바뀌게 된다. 그리고 전문인력 범위에 기존의 ① 외국주재 무관, ② 학교 교육기관 교수, ③ 정책관리 · 전산 및 연구개발 분야의 직위('특수전문직위')에 추가하여 ④ 전문적인 기술 또는 기능이 요구되는 직위('기술 · 기능전문직위'), ⑤ 정책 수행을 위한 통제 · 조정이 요구되는 직위('통제정책직위'), ⑥ 외국 정부 등과 협상 · 교류 · 협력하는 업무와 관련되는 직위 중 국제관계에 관한 전문지식이 필요한 직위('국제전문직위')가 포함되었다.[21]

또한 2003년 개정되면서 '통제정책직위'를 폐지하고 그 대신 '특수전문직위'에서 정책관리 분야를 분리하여 별도의 '정책전문직위'를 신설하는 한편, 별도로 구분하던 국방대학교 및 사관학교 등의 교수직위를 '특수전문직위'에 포함시켰다.[22] 2007년에는 방위사업청이 신설됨에 따라 전문인력직위에 '획득전문 분야에 속하는 직위와 외국주재 군수무관'('획득전문직위')이 추가되었고,[23] **그리하여 2020년 현재 '전문인력직위'는 다음과 같다.**

---

20 「군인사법 시행령」(시행 1985. 10. 28. 대통령령 제11782호) http://www.law.go.kr/lsSc.do?tabMenuId=tab27#undefined(검색일: 2020. 2. 22)

21 대통령령 제14994호, 「군인사법 시행령」(시행 1996. 5. 7), http://www.law.go.kr/lsSc.do?tabMenuId=tab27#undefined(검색일: 2020. 2. 22)

22 대통령령 제17885호, 「군인사법 시행령」(시행 2003. 1. 14), http://www.law.go.kr/lsSc.do?tabMenuId=tab27#undefined(검색일: 2020. 2. 22)

23 대통령령 제19857호, 「군인사법 시행령」(시행 2007. 2. 1), http://www.law.go.kr/lsSc.do?tabMenuId=tab27#undefined(검색일: 2020. 2. 22)

제15조 (전문인력직위)

① 법 제17조제5항에서 **"전문인력직위"**란 다음 각 호의 어느 하나에 해당하는 직위를 말한다.

1. 정책부서의 직위 중 야전경험과 학문적 지식을 바탕으로 정책을 수립하고 집행할 필요가 있다고 인정되어 국방부 장관 또는 참모총장이 정하는 직위(이하 **"정책전문직위"**라 한다)
2. 외국정부 또는 국제기구와의 협상 · 교류 · 협력 업무와 관련되는 직위 중 국제관계에 관한 전문지식과 외국어능력이 필요하다고 인정되어 국방부 장관이 정하는 직위와 군수무관(軍需武官)을 제외한 외국 주재 무관(이하 **"국제전문직위"**라 한다)
3. 전산 및 연구개발 분야의 직위 중 국방부 장관 또는 참모총장이 정하는 특수전문 분야에 속하는 직위와 다음 각 목의 직위(이하 **"특수전문직위"**라 한다)
   가. 국방대학교 교수(「고등교육법」 제16조에 따른 자격이 있는 교수 · 부교수 및 조교수와 기본과정의 교육을 담당하는 영관급 이상의 장교를 말한다)
   나. 사관학교 · 육군3사관학교 및 국군간호사관학교의 교수(「고등교육법」 제16조에 따른 자격이 있는 교수 · 부교수 및 조교수를 말한다)
4. 전문적인 기술 또는 기능이 요구되는 직위 중 국방부 장관 또는 참모총장이 정하는 기술 · 기능 전문 분야에 속하는 직위(이하 **"기술 · 기능전문직위"**라 한다)
5. 군사력 개선을 위하여 군수품 획득에 관한 전문적 기획능력과 사업기법 및 관리 기술이 필요하다고 인정되어 국방부 장관, 참모총장 또는 방위사업청장이 정하는 획득 전문 분야에 속하는 직위와 외국 주재 군수무관(이하 **"획득전문직위"**라 한다)

② 제1항에 따른 전문인력 직위의 범위, 기준, 그 밖에 필요한 사항은 국방

부 장관이 정한다.

③ 국방부와 국방부 직할부대의 전문인력 직위는 국방부 장관이, 각군의 전문인력 직위는 참모총장이, 방위사업청의 전문인력 직위는 방위사업청장이 지정하되, **각군 및 방위사업청의 전문인력 직위를 지정할 때에는 국방부 장관의 승인을 받아야 한다.**[24]

이렇듯 현재 '전문인력직위(전문직위)'는 '정책전문직위', '국제전문직위', '특수전문직위', '기술전문직위', '획득전문직위'로 구분되며, 「국방 인사관리 훈령」에 명시된 세부 분류는 다음 〈표 5-1〉과 같다.

〈표 5-1〉 전문인력직위(전문직위) 현황

구분	내용
정책전문직위	① 인력, 조직, 교육 분야: 인사정책, 인력 · 조직 · 편성, 교육, 복지 등 ② 기획, 전략, 작전 분야: 정책기획, 군비통제, 전략기획 등 ③ 전력정책 및 소요기획 분야: 전력 소요제기 및 사업조정, 획득 등 ④ 군수정책 분야: 군수정책, 조달기획, 외자구매, 군수협력 등 ⑤ 국방관리분석 분야: 운영체계분석, 시험평가, 워게임 등
국제전문직위	국제협상(외자), 무관(군사외교), 군사협력 분야의 직위
특수전문직위	① 전문직 교수, ② 연구개발 직위(국방과학연구소, 한국국방연구원 등) ③ 전산 직위(정보체계의 기획, 계획, 설계, 통합, 사업관리, 계약 등)
기술 · 기능전문직위	군 고유의 전문적 기술, 기능 및 특수한 직무지식이 요구되는 분야의 직위
획득전문직위	방위력 개선 및 획득에 관한 전문적 기획능력과 사업기법 및 기술이 필요하다고 인정되는 직위

* 출처: 「국방 인사관리 훈령」, 제47조 내용을 도표로 정리

24 대통령령 제30384호, 「군인사법 시행령」(시행 2020. 2. 4), http://www.law.go.kr/lsSc.do?tabMenuId=tab27#undefined(검색일: 2020. 2. 22)

전문직위의 발전과정을 보면 처음에는 '특수전문직위'와 '기술 · 기능전문직위'를 위주로 하다가 국방조직이 좀 더 방대해지고 전문화되면서 '국제전문직위', '정책전문직위', '획득전문직위' 등이 추가되었다. 그러면서 전문직위의 개념도 계속 확장되어왔다. 그래서 현재 한국군이 적용하고 있는 '전문직위'의 '전문(專門)'이라는 개념에는 '특수한 전문성'인 'specialized', '기술적인 전문성'인 'technical', '고도의 전문성', '직업적 전문성'인 'professional', 'expert'의 의미를 모두 내포하고 있다.

그럼에도 '합동전문인력 직위'나 '합동 · 연합전문인력 직위'가 전문직위에 포함되지 않는 이유는 무엇일까? 적어도 2006년 「국방개혁법」이 제정되면서부터는 당연히 포함되었어야 한다. 왜냐하면 제15조에는 군 인력의 전문성을 높이기 위한 "인력양성 및 교육 · 훈련체계 발전"이 명시되어 있고, 제19조에는 "합동직위 지정", "합동특기 등의 전문자격 부여", "그 직위에 필요 요건을 갖춘 장교의 보직" 등을 강조하고 있기 때문이다.

그런데 흥미로운 것은 국방부 인사정책은 정반대의 조치를 취한다. 2009년 「군인사법 시행령」 개정을 통해 합동직위를 전문직위에 포함하는 대신 "전문직위의 남발을 막기 위해서"라는 명분으로 **전문직위 지정을 엄격하게 강화**한다.[25] 그리고 「국방개혁법」에 명시된 '합동전문인력 인사관리'를 「국방 인사관리 훈령」 제3장 '전문인력 인사관리'에 포함하면서도 기존의 제1절 **'국방 전문인력 관리'에는 포함하지 않았다.** 그 대신 별도의 제2절 '합동전문인력, 연합 · 합동전문인력 관리'로 구분함으로써 **전문인력으로 인사관리 하는 것 같으면서도 결론적으로**

25 「군인사법 시행령」(시행 2009. 11. 13. 대통령령 제21821호), http://www.law.go.kr/lsInfoP.do?lsiSeq=97187&lsId=&efYd=20091113&chrClsCd=010202&urlMode=lsEfInfoR&viewCls=lsRvsDocInfoR&ancYnChk=#(검색일: 2020. 2. 22)

는 전문인력 인사관리가 아닌 별도의 부실한 인사관리를 하고 있다.

〈표 5-2〉 국방전문인력과 합동전문인력의 인사관리 비교

구분	국방전문인력	합동전문인력
직위소요 고려 선발	적용	미적용
선교육 후보직	적용	미적용
경력관리모델	적용	없음
임기제도	적용	미적용
인사관리의 융통성	적용	미적용
진급관리	중요성 고려 적정 진출률 보장	평균진급률 보장(합동고급과정 졸업자에 대한 별도의 관리 조항은 없음)

* 출처: 「국방 인사관리 훈령」, 제3장 '전문인력 인사관리'의 제1절과 제2절의 핵심내용을 도표로 정리

위의 〈표 5-2〉와 같이 국방전문인력은 직위소요를 고려하여 선발하고 선교육 후보직의 원칙을 적용하여 전문교육과정을 이수하면 곧바로 해당 전문직위에 보직하는 반면, 합동전문인력은 소요를 고려하여 선발하지 않고 이와는 별도의 자격제도가 운영된다. 또 합동직위의 소요를 고려하지 않고 교육대상자 선발은 별개의 문제로 하며, 선교육 후보직의 원칙이 적용되지 않고 교육과 보직이 연계되지 않는다. 그리고 국방전문인력은 전문성과 지속 활용성을 고려하여 임기를 부여하고 경력관리모델을 적용하며, 필요 시 필수직위를 필한 것으로 인정하고 장기보직 할 수 있도록 하는 등 인사관리에 융통성을 부여하는 반면, 합동전문인력은 말이 전문인력이지 임기도 없고 별도의 경력관리모델도 없으며, 필수보직 인정, 장기보직 등의 융통성 관련 조항도 없다.

더욱이 진급도 국방전문인력은 "중요성을 고려하여 적정 진출률을 보장"하도록 규정하고 있으나, **합동고급과정 졸업자에 대해서는 별**

도의 관리조항이 없고, 합동전문인력에 대해서도 "자군의 계급별·병과(특기)별 평균진급률을 고려하여 선발"하도록 되어있을 뿐이다. 이러한 이유로 교육과 인사관리가 따로 놀고 합동전문인력 육성정책 효과가 그렇게 저조했던 것이다.

국방인사정책이 **이렇게 불합리한 전문인력 분류기준을 개선하지 않는 이유가 무엇일까? 표면적으로는 "전문직위의 남발을 막기 위함"이라고 하지만, 그 이면에는 국방부 및 합참 등에서 합동직위 근무자들과 함께 진급 경쟁을 해야 하는 기존 전문직위로 분류된 부서와 인원들의 기득권과 관련이 있을 수 있다는 합리적 추론이 가능**하다.

3. 합동고급과정 입교대상자 선정의 비효율성

국방인사관리정책에서 합동전문자격 기준과 국방전문인력 분류기준의 문제 못지않게 한국군의 합동전문인력 육성정책 효과를 저해하는 것이 있다. 그것은 **합동고급과정의 입교대상 계급이 매우 비효율적으로 설정되어 있다는 점**이다.

합동고급과정의 입교대상 계급은 1963년 합동참모대학이 창설된 이래 현재까지 '육·해·공군 중령' 계급이다.[26] 이것은 보수교육 체계상 소위·중위는 초등군사반, 대위는 고등군사반, 소령은 각 군 대학, 중령은 합동참모대학, 대령·장군은 국방대학교 안보과정이라는 기본 틀에 기초한 것이다. 학생정원은 120명으로서 입학 자격 및 선발 절차는 「합동군사대학교령」과 「합동군사대학교 조직 및 운영에 관한 훈령」,

---

26 일부 국방 공무원·군무원·연구원도 입학을 허용하고 있으며, 인원은 매년 3~5명 정도다.

그리고 학칙에 따라 "각 군 참모 총장의 추천을 받아 국방부 학생선발 심의 위원회에서 선발"하되,[27] 합동전문자격보유자,[28] 연합 · 합동전문(예비)인력, 합동직위 및 연합 · 합동직위 근무경험자 중 우수자를 우선적으로 추천하고 선발하도록 되어 있다.[29]

〈표 5-3〉 합동고급과정 입교인원의 육 · 해 · 공군 구성 분석

구분	계	'18년	'17년	'16년	'15년	'14년	'13년
계	692명	116명	119명	117명	109명	114명	117명
육군	389명 (56.21%)	66명 (56.89%)	67명 (56.3%)	69명 (58.97%)	57명 (52.29%)	66명 (57.89%)	64명 (54.7%)
해군/해병대	134명 (19.36%)	20명 (17.24%)	23명 (19.32%)	21명 (17.94%)	23명 (21.1%)	23명 (20.17%)	24명 (20.51%)
공군	144명 (20.95%)	26명 (22.41%)	26명 (21.84%)	24명 (20.51%)	26명 (23.85%)	21명 (18.42%)	21명 (17.94%)
공무원 등	25명 (3.61%)	4명 (3.44%)	3명 (2.52%)	3명 (2.56%)	3명 (2.75%)	4명 (3.5%)	8명 (6.83%)

* 출처: 합동군사대학교, 「합동고급과정 입교대상 및 졸업 후 보직분석(결과)」(합동대, 2019. 7. 25), 4쪽.

육 · 해 · 공군의 구성 비율은 위의 〈표 5-3〉에 제시된 바와 같이 매년 다소 차이가 있으나 **평균적으로 보면 육군이 56.21%로 가장 많고, 공군이 20.95%, 해병대를 포함한 해군이 19.36%로 비슷한 수준**이며, 공무원 · 군무원 등이 3.61%다. 이것은 육 · 해 · 공군 구성비 7.7 : 1.2 :

27 「합동군사대학교 조직 및 운영에 관한 훈령」, 제17조 제1항 1.

28 국방부는 합동전문자격보유자와 합동전문인력을 동일시하고 있다. 「국방 인사관리 훈령」, 제56조 제2항.

29 「국방 인사관리 훈령」, 제62조 제2항.

1.1[30]임을 고려할 때 육군이 다소 적은 비율이지만, 합동성을 함양하는 측면에서 분임별로 해·공군 장교를 최대한 포함하기 위해 군별 구성비를 5.6 : 2 : 2로 통제한 결과다.[31]

또한 **입교 전 합동근무 경험자 중 우수자를 선발하도록 되어 있는데, 실제로 중령 계급의 지원율 자체가 낮고, 「국방 인사관리 훈령」에서 요구하는 합동전문자격보유자나 연합·합동전문(예비)인력이 지원하는 경우도 거의 없다.**

〈표 5-4〉 입교 전 합동직위 및 연합 · 합동직위 근무경험자 분석

구분 (입교 총원)	계 (692명)	'18년 (116명)	'17년 (119명)	'16년 (117명)	'15년 (109명)	'14년 (114명)	'13년 (117명)
계	62명 (8.96%)	18명 (15.51%)	11명 (9.24%)	6명 (5.12%)	9명 (8.25%)	6명 (5.26%)	12명 (10.25%)
육군	37명 (5.35%)	10명 (8.62%)	6명 (5.04%)	4명 (3.41%)	5명 (4.58%)	3명 (2.63%)	9명 (7.69%)
해군/해병대	4명 (0.57%)	·	1명 (0.84%)	·	·	1명 (0.87%)	2명 (1.7%)
공군	21명 (3.04%)	8명 (6.89%)	4명 (3.36%)	2명 (1.7%)	4명 (3.67%)	2명 (1.75%)	1명 (0.85%)
공무원 등	·	·	·	·	·	·	·

* 출처: 합동군사대학교, 「합동고급과정 입교대상 및 졸업 후 보직분석(결과)」, 3쪽.

앞의 〈표 5-4〉에 제시된 바와 같이 입교 전 합동직위 및 연합·합

---

30 한국군은 2018년 말 기준 총 59.9만여 명으로 육군 46.6만, 해군 7만, 공군 6.5만여 명이다. 대한민국 국방부, 『2018 국방백서』, http://www.mnd.go.kr/user/mnd/upload/pblictn/PBLICTNEBOOK_201901151237390990.pdf(검색일: 2020. 2. 28)

31 합동참모대학, 「2020년 합참대 합동고급과정 학생 선발계획」(2019. 8. 28), 2쪽.

동직위에 근무했던 유경험자도 평균 8.96%로 매우 낮은 수준이다. 매년 다소 차이가 있으나 평균적으로 보면 육군이 5.35%로서 가장 많고 공군이 3.04%, 해병대를 포함한 해군이 0.57% 수준으로 상대적으로 가장 낮은 수준이다.

〈표 5-5〉 합동고급과정 입교인원의 중령 : 중령(진) 구성 비율 분석

구분		계	육군	해군/해병대	공군
계	중령	228명(34.18%)	106명(27.25%)	57명(42.54%)	65명(45.14%)
	중령(진)	439명(65.82%)	283명(72.75%)	77명(57.46%)	79명(54.86%)
'18년	중령	39명(34.82%)	15명(22.73%)	10명(50.00%)	14명(53.85%)
	중령(진)	73명(28.58%)	51명(77.27%)	10명(50.00%)	12명(46.15%)
'17년	중령	32명(27.59%)	18명(26.87%)	8명(34.78%)	6명(23.08%)
	중령(진)	84명(72.41%)	49명(73.13%)	15명(65.22%)	20명(76.92%)
'16년	중령	36명(31.58%)	18명(26.09%)	9명(42.86%)	9명(37.50%)
	중령(진)	78명(68.42%)	51명(73.91%)	12명(57.14%)	15명(62.50%)
'15년	중령	42명(39.62%)	15명(26.32%)	12명(52.17%)	15명(57.69%)
	중령(진)	64명(60.38%)	42명(73.68%)	11명(47.83%)	11명(42.31%)
'14년	중령	36명(32.73%)	18명(27.27%)	7명(30.43%)	11명(52.38%)
	중령(진)	74명(67.27%)	48명(72.73%)	16명(69.57%)	10명(47.62%)
'13년	중령	43명(39.45%)	22명(34.38%)	11명(45.83%)	10명(47.62%)
	중령(진)	66명(60.55%)	42명(65.64%)	13명(54.17%)	11명(52.38%)

* 출처: 합동군사대학교, 「합동고급과정 입교대상 및 졸업 후 보직분석(결과)」, 2쪽.

중령의 지원율이 얼마나 낮은지는 국방부나 합동군사대학교에서 비공개하고 있으나, **위의 <표 5-5>에 제시된 매년 중령: 중령(진)의 구성 비율을 보면 중령의 지원율이 얼마나 낮은지를 잘 알 수 있다.** 2013

년부터 2018년까지 6개 기수의 중령 : 중령(진) 평균 구성 비율을 보면 34.18 : 65.82%로 **중령은 1/3에 불과하고 2/3가 중령**(진)임을 알 수 있다. 연도별 편차도 중령 비율이 가장 높았던 2015년도 39.62 : 60.38%와 가장 낮았던 2017년도 27.59 : 72.41%로 크지 않다. **이러한 현상이 일시적인 것이 아니라 이미 일반화된 것**임을 나타낸다.

여기서 군별 중령 : 중령(진) 구성 비율을 보면 육군이 27.25 : 72.75%, 해군 및 해병대는 42.54 : 57.46%, 공군은 45.14 : 54.86%로 **이 현상이 특정 군만의 문제가 아님**을 보여준다. 또한 육군이 가장 낮고 해·공군이 비슷한 수준인데, 이것은 **중령으로만 입교시키는 데 육군이 가장 어려움이 있음**을 의미한다.[32]

이렇게 중령의 지원율이 낮고 국방부에서 요망하는 우수자의 지원율이 낮은 이유는 무엇인가? 그것은 각 군의 인사운영 현실을 미고려한 합동인력육성 정책의 모순 때문이다. 현재 군 인사법상 중령에서 대령으로 진급하는 데 필요한 최저복무기간은 4년이다.[33] 앞에서 설명한 바와 같이 대부분 장교들은 필수보직인 대대장 직책을 약 2년간 근무하게 되면 2년 후에는 곧바로 대령 진급 심사에 들어가기 때문에 진급에 유리한 국방부, 합참, 각 군 본부, 작전사 등의 주요 핵심 보직에 곧바로 보직되는 것을 선호한다. 상식적으로 합동참모대학 합동고급과정에 입교하지 않아도 바로 합동직위로 갈 수 있고, 졸업해도 인사관리상 특별한 유리점이 없을 뿐만 아니라 오히려 갈 수 있는 보직이 제한되는

---

32 그 이유는 육군의 경우 대부분 장교가 필수직위인 대대장 보직을 필해야 하는 특성이 있는 반면, 해·공군은 군 특성상 상대적으로 융통성이 있기 때문이다.

33 「군인사법」(시행 2020. 8. 5. 법률 제16928호) http://www.law.go.kr/lsSc.do?tabMenuId=tab27&query=%EC%9E%A5%EA%B5%90%20%EC%A7%84%EA%B8%89%EC%B5%9C%EC%A0%80%EB%B3%B5%EB%AC%B4%EA%B8%B0%EA%B0%84#undefined(검색일: 2020. 2. 28)

데 우수자가 입교할 이유가 없다.

이처럼 군의 인사운영 현실과 맞지 않는 입교대상 계급을 선정함으로써 아무리 교육을 잘해서 합동성과 전문성을 구비한 합동전문인력을 배출해도 구조적으로 합동직위에 잘 보직되지 않을 수밖에 없다.

결국 국방 인사정책에서 합동전문자격 기준이 불합리하고, 전문인력 분류기준과 합동고급과정 입교대상 선정도 비효율적으로 되어 있다 보니 합동전문인력 육성정책의 효과가 그렇게 저조했던 것이다. 합동전문자격을 보유한 인원의 **합동직위 보직률이 34.8%에 불과하고, 합동고급과정 졸업생의 합동부서 보직률이 13.04%로 매우 낮을 수밖에 없는 이유**가 있었다.

제2절 국방 교육정책의 무관심

합동전문인력 육성정책의 효과가 저조한 두 번째 원인은 국방 교육정책 때문이다. 합동전문인력 육성에 대해 큰 틀에서 정책 방향을 설정하고 인사관리 등 관련 정책들을 조율해야 할 교육정책에 문제가 있기 때문이다. **합동전문인력 육성에 대한 관심이 부족하다 보니 각종 국방 교육정책서 및 훈령에 관련 내용이 누락됨은 물론, 부실하게 작성되거나 정권 출범마다 개정되어야 할 핵심 정책서가 10년 이상 방치**되고 있었다.

1. 『국방 기본정책서』의 무관심

정부의 기본적인 국방정책의 목표와 추진방향은 국방부 정책실에서 5년 주기로 작성하는 『국방 기본정책서』에 담겨 있다. **『국방 기본정책서』는 대통령의 『국가안보 지침』을 토대로 작성되는 국방의 최상위 기획문서로 향후 15년간의 국방정책 방향이 제시**되어 있다. 여기에 제시된 정책 방향과 정책과제들을 기초로 국방부, 합참, 각 군 본부 등의 모든 정책문서가 작성되고 조직편성, 인사복지, 전력자원, 교육훈련, 예

산 등의 각종 정책이 구체화된다.[34]

그러면 『국방 기본정책서』에는 합동전문인력 육성과 관련된 정책 방향이나 정책과제가 어떻게 반영되어 있을까? **유감스럽게도 2019년 1월에 발행된 문재인 정부의 『국방 기본정책서(2019~2033)』 내용 가운데 그 어디에도 이와 관련된 지침을 찾을 수 없다.** 교육 분야 정책과제는 3개로 '장병 정신전력 강화', '양성 및 보수교육체계 보강', '실전적 부대훈련 방법 혁신'이 제시되었다. 이 중에서 '양성 및 보수교육체계 보강'의 정책추진 지침에 **합동성과 관련된 내용이 다음과 같이 잠깐 언급**되어 있을 뿐이다.

> 나. 주도적이고 창의적인 인재를 육성하기 위해 합동성과 야전 요구가 반영된 양성 및 보수교육 체계를 지속 개선한다(Ⅰ-5-2, 교육훈련정책과, 지속).
>
> 1) 사관학교 교수 구성원의 다양화로 생도교육의 질을 향상시키고 현역 장교의 야전 활용성을 제고하기 위해 사관학교의 민간교수 비율을 점진적으로 확대한다.
>
> 2) **합동성을 배양하기 위해 사관학교 통합교육을 지속 발전시키고 군복무 생애주기를 고려하여 양성 및 보수교육 과정의 합동성 교육체계를 구축 및 정착시킨다.**
>
> 3) 초급 간부로서의 (중략)
>
> 4) 군 간부의 리더십을 개발하기 위해 (중략)
>
> 5) 야전 요구를 반영한 교과과목 최신화 (중략)
>
> 6) 국방대학교를 중심으로 (중략) 양성한다.[35]

---

34 대한민국 국방부, 『'유능한 안보 튼튼한 국방' 구현을 위한 국방 기본정책서(2019~2033)』(국방부: 2019), 5쪽.

35 위의 책, 97-102쪽.

이를 보면 국방부를 비롯한 대한민국 정부의 합동전문인력 육성에 대한 인식이나 관심이 얼마나 부족한지를 잘 알 수 있다. 합동군사교육과 관련하여 현재 시행 중인 '사관학교 통합교육의 발전'과 '합동성이 반영된 양성 및 보수교육체계 구축'을 시급하고 중요한 정책과제로 인식하는 반면, 합동전문인력 육성정책 효과를 정상화하기 위한 정책과제에 대해서는 인식하지 못하거나 중요하게 여기지 않고 있음을 보여준다.

2. 『국방 교육훈련정책서』에 대한 무관심

그러면 다른 교육 관련 정책문서에는 합동전문인력 육성이나 이를 위한 교육체계와 관련하여 어떻게 적시되어 있을까? 『국방 기본정책서』 다음으로 교육훈련 정책을 다루는 권위 있는 정책문서가 『국방 교육훈련정책서』다. **『국방 교육훈련정책서』는 국방교육훈련 목표 달성을 위해 합참, 각 군 및 기관의 교육훈련 정책 수립 기준과 근거가 되는 지침을 제공하기 위한 국방교육훈련 분야의 최고 기획문서**다. 대상 기간은 17년이며, 『국방 기본정책서』의 별책부록 형태로, 국방정책실에서 5년 주기로 작성하게 되어있다.[36]

이 문서의 제4장 '국방 교육훈련정책 추진지침'에는 '합동성 강화 교육훈련체계 발전'을 제1절로 부각하고, '1. 합동군사교육 강화', '2. 각 군 병과교육의 효율성 및 합동성 제고', '3. 제병협동교육 강화'를 정

36 국방부, 『국방 기본정책서(2009~2025) 부록 #9: 국방교육훈련정책서』(국방부, 2009), 5쪽.

책과제로 선정했다. 그리고 '1. 합동군사교육 강화'의 내용은 "각 군 학교기관 교육과정에 합동군사교육 교과편성을 강화하고, 각 군 대학과 합동참모대학 교육의 효율성 및 합동성 문화 형성을 위해 합동참모대학 주관하 각 군 대학의 합동교육을 확대하는 것"이다.[37]

여기서 흥미로운 점은 새로운 정부출범과 연계하여 5년 주기로 작성해야 하는 『국방 교육훈련정책서』가 2009년 이명박 정부 때 작성된 이래 10년이 지난 지금까지도 개정되고 있지 않다는 것이다. 그러다 보니 이미 2011년부터 각 군 대학과 합동참모대학 등이 합동군사대학교로 통합되어 합동교육을 하고 있는데도 **국방 교육훈련 분야의 최고 기획문서에는 이미 지난 정책이 기록되어 있는 웃지 못할 일이 발생**하고 있다.

내용 면에서도 "각 군 학교기관 교육과정에 합동군사교육 교과편성을 강화한다"는 것은 2019년 『국방 기본정책서』에 제시된 것과 유사한 내용으로 **이미 10년 전부터 정책과제로 선정했는데, 아직까지 답보상태**임을 나타낸다. 또한 '각 교육과정에 합동교육 강화'와 '각 군 대학 영관장교 교육 시 합동교육 강화'를 시급하고 중요한 정책과제로 인식하고 있음을 보여주는 한편, 그 당시에는 적어도 지금보다는 합동군사교육에 더 많은 관심을 갖고 있었음을 나타낸다. 그럼에도 합동교육 자체에만 초점을 맞추고 있고, **합동전문인력 육성 정책의 효과를 거두기 위한 제반 정책과제에 대해서는 인식하지 못했거나 중요하게 여기지 않았음**을 보여준다.

---

37 위의 책, 59-62쪽.

3. 「국방 교육훈련 훈령」의 무관심

『국방 교육훈련정책서』 다음으로 **중요한 교육정책 문서는 「국방 교육훈련 훈령」이다. 제1조에 명시된 것처럼 "교육훈련과 관련한 정책, 제도, 방향을 정립하고, 각 군 및 국직 부대·기관의 교육훈련 시행, 평가 등을 규정함으로써 상시 전투준비태세 완비에 기여함을 목적"**[38]으로 한다. 1993년 「국방부 훈령 제465호('93. 8. 16)」가 최초로 제정된 이래 다섯 번 개정되어 현재는 「국방부 훈령 제2270호('19. 4. 5)」를 적용하고 있다. 여기에는 교육훈련 기본정책, 학교교육, 부대훈련, 정신전력교육, 교육훈련관리, 교관 및 교수 관리 등 한국군의 교육훈련과 관련된 제반 사항이 망라되어 있다.

그런데 놀라운 것은 여기서도 합동전문인력 육성과 관련된 지침을 찾아보기 어렵다. 더 놀라운 점은 상위 정책문서들에도 반영되어 있는 합동군사교육에 대한 지침을 본문 어디에서도 찾기 어렵다는 것이다. 10년 전부터 『국방 교육훈련정책서』는 물론이고 『국방 기본정책서』에 제시된 "각 군 학교기관 교육과정에 합동군사교육 교과편성을 강화한다"는 정책방향에도 불구하고 '합동교육'이라는 단어가 들어가 있는 곳은 아래와 같이 제18조(합동군사대학교)가 유일하다.

> **제18조** (합동군사대학교)
>
> 합동군사대학교는 협동 및 합동·연합작전 수행과 직무수행능력을 함양하기 위하여 다음 각 호의 사항을 반영하여 교육한다.
>
> 1. 미래전에 대비할 수 있는 **합동교육** 강화

---

38 「국방 교육훈련 훈령」, 제1조.

2. 야전 및 정책부서와 연계된 수요자 중심의 교육체계 확립

3. 체계적인 어학교육을 통한 우수한 어학인재 양성[39]

합동군사대학교는 소령급 장교의 합동기본과정 교육과 중령급 장교를 대상으로 합동전문인력 육성을 위한 전문교육과정인 합동고급과정을 운영하는 기관인데도 **합동전문인력 육성에 대한 지침이 한마디도 없을뿐더러 초등군사반 과정, 고등군사반 과정, 국방대학교 등에 대한 지침에도 합동교육에 대한 언급이 하나도 없다.**

흥미로운 점은 오히려 과거 2008년 「국방 교육훈련 훈령」에는 과정별 합동교육 지침이 포함되어 있었다는 사실이다. 초군반 과정에는 "합동성 강화를 위하여 합동작전 수행능력을 이해하고 전술적 수준의 합동·연합 자산 운용능력을 이해할 수 있도록 하는 교육"[40]이, 고군반 과정에는 "제병협동 및 합동작전 수행능력 이해와 전술적 수준의 합동·연합 자산운용 능력을 이해할 수 있도록 하는 교과편성"[41]이, 각 군 대학에는 "미래전에 대비할 수 있는 합동교육 강화", "합동성 강화를 위해 육·해·공군대학의 합동성 교육을 가능한 한 통합하고, 합동성을 토대로 한 전력소요 기획능력 배양", "연합 및 지·해·공 전력을 통합 운용할 수 있는 능력을 배양할 수 있도록 하는 교과편성"[42] 등이, **합동참모대학에는 "합동군사교육체계의 고급과정으로서 합동기획 및 합동작전 수행능력을 구비시켜 합동전문자격 부여 및 합동직위 임무수행에**

39 위의 훈령, 제18조.

40 구 「국방 교육훈련 훈령」(개정 2008. 11. 4. 국방부 훈령 제984호), 제16조 제1항 8.

41 위의 훈령, 제17조 제1항 5.

42 위의 훈령, 제18조 제4항.

부합하는 전문인력 육성"[43] 등의 조항이 포함되어 있었다.

2008년 11월부터 2016년 2월까지 적용된 「국방 교육훈련 훈령」에는 합동군사교육에 대한 관심과 과정별 지침들이 비교적 잘 명시되어 있었는데, **오히려 합동교육을 강화하기 위해 합동군사대학교를 창설한 이후인 2016년 2월 「국방 교육훈련 훈령」이 개정되면서 이러한 내용은 모두 사라진다.** 그리고 2019년 2월 개정된 이후에도 그대로 이어진다.

또 하나 흥미로운 점은 본문의 '장교 양성교육 지침'에 합동교육 관련 내용이 하나도 없다가 훈령에 첨부된 별표7 '장교 양성교육 지침'에는 사관학교 교육에 대해 뜬금없이 제일 마지막에 "바. 합동군사교육체계의 1단계 과정으로서 자군의 기초 군사지식 습득에 추가하여 합동성 함양과 합동문화 형성에 목표를 두고 합동교육 실시"[44]라는 내용이 한 줄 들어가 있다. 사관학교 교육이 합동군사교육체계의 1단계 과정이라면 합동군사교육체계는 전체적으로 어떻게 이루어져 있으며, **나머지 단계는 무엇인지에 대한 설명은 어느 곳에도 없다. 그러니 다른 국방교육정책 문서들에서도 합동군사교육체계에 대한 실체를 찾을 수 없다.**

결국 각종 국방 교육정책 문서들을 보면 합동전문인력 육성에 얼마나 관심이 없는지를 잘 알 수 있다. 또한 **국방 정책기획체계의 핵심인 상위 정책기획문서와 하위 정책기획문서 간, 정책 기획-계획-집행 간, 과거-현재-미래의 정책 연계성이 얼마나 부실한지를 극명하게 보여주고 있다.**

---

43 위의 훈령, 제19조 제1항.

44 이것은 2008년 개정판부터 2019년 개정판에 이르기까지 삭제되지 않고 계속 남아있는 조항이다. 「국방 교육훈련 훈령」(국방부 훈령 제2270호) 별표7과 구 「국방 교육훈련 훈령」(국방부 훈령 제984호) 별표7 참조.

제3절 정책의 비연계성

1. 「국방 인사관리 훈령」과 「국방 교육훈련 훈령」의 비연계성

합동전문인력 육성정책 효과가 저조한 **세 번째 영향요인은 교육과 인사정책의 비연계성**(decoupling)에 있다. 즉, 합동전문인력 육성정책을 구체화하는 「국방 인사관리 훈령」과 「국방 교육훈련 훈령」이 따로 놀고 있다.

「국방 인사관리 훈령」은 합동전문인력에 대한 자격조건, 교육, 보직관리, 진급관리 등 제반 지침을 규정하는 것으로 되어 있다. 그런데 교육에 관해 제3장 전문인력 인사관리 제2절 제62조에 다음과 같이 간단히 언급하고 있을 뿐이다.

> ① 각 군 대학, 합동참모대학 및 안보과정의 교육 중점과 교육내용 등 **합동군사교육에 관하여 필요한 사항은 「국방 교육훈련 훈령」에서 정한다.**
>
> ② 각 군 참모총장은 합동참모대학 합동고급과정의 학생 선발 시 합동전문인력, 연합·합동전문(예비)인력, 합동직위 및 연합·합동직위 근무 경험자 중 우수근무자를 우선 추천해야 한다.
>
> ③ 각 군 참모총장은 합동참모대학의 합동고급과정 교육을 이수한 장교를 합동직위, 연합·합동직위 또는 합동직위 및 연합·합동직위가 있는 부대

에 우선 보직하여야 한다.[45]

이 조항들의 의미는 합동전문인력 육성을 위한 전문교육과정이 합동참모대학 합동고급과정임을 여러 차례 암시하면서도 **"계급별 교육기관별 합동군사교육체계 등을 어떻게 할 것인지는** (인사복지실의 소관 업무가 아니므로) **「국방 교육훈련 훈령」에서 정하라"는 뜻이다. 그럼에도 제5장 제2절에서 살펴본 것처럼 「국방 교육훈련 훈령」에는 합동전문인력에 대한 교육과 관련하여 어떠한 내용도 없다.**

그뿐만 아니라 『국방 기본정책서』부터 『국방 교육훈련정책서』, 「국방 교육훈련 훈령」 등에 표출된 국방교육정책에도 합동전문인력 육성에 대한 관심이 거의 없고, 합동교육에 대해서도 관심이 매우 부족함이 여실히 드러난다. **합동전문인력 육성을 위해 교육현장에서 아무리 교육과정과 교과체계를 발전시키고 내실 있게 교육해도 이렇게 교육정책과 인사관리정책이 부실하고 상호 연계되지 않기 때문에 합동전문인력 육성정책의 효과가 저조했던 것**이다.

2. 국방교육정책 주무부서의 이원화로 인한 책임의 모호성

이렇게 합동전문인력 육성 관련 정책들의 비연계성과 불협화음이 발생하는 이유는 무엇일까? 기본적으로 국방정책을 다루고 결정하는 사람들, 합동전문인력 육성정책과 관련된 사람들이 너무 자주 바뀌고 다른 현안업무로 우선순위가 밀리는 것도 문제지만, **더 중요한 문제가**

---

45 「국방 인사관리 훈령」, 제62조 제1~3항.

내재되어 있는 게 아닐까? 연구 결과 그 이면에는 **국방 조직상 교육정책 주무부서의 이원화로 인한 책임의 모호성 문제**가 자리 잡고 있었다.

국방교육정책 주무부서는 제반 교육정책의 목표달성을 위해 관련 정책수단을 관리하는 유관부서와 함께 정책효과를 평가하고 미비점을 개선하기 위해 노력해야 한다. 합동전문인력 육성정책도 인사복지실, 합참, 각 군 본부 등을 아우르며 정책을 개발하고 구체화해야 한다. **그런데 전통적으로 국방교육정책을 총괄해온 주무부서가 갑자기 없어졌다.** 과거에는 국방부 정책실에 국방교육정책을 총괄하는 '교육훈련 정책관'이 있었다. 그런데 **문재인 정부는 2018년 1월부로 '교육훈련 정책관'을 없애고 일부 업무는 정책실 내 '정책기획관'에게, 나머지 일부는 인사복지실 '인사기획관'에게로 업무를 조정**했다. 이것은 국방부가 조직개편 배경에 밝힌 것처럼 '대북정책관'이 필요하여 그 대신 교육훈련 정책관을 없앤 것인데, **그만큼 국방부가 교육훈련 정책관을 없어도 되는 직책으로 인식했음을 보여준다.**[46]

그래서 현재 대통령령 제30364호 「국방부와 그 소속기관 직제」에는 교육정책에 대한 업무가 정책실(정책기획관)과 인사복지실(인사기획관)로 이원화 중첩되어 있다. 제12조(국방정책실) 3-14항에는 "국방 교육·훈련에 관한 정책과 계획의 수립·조정"이 업무로 분류되어 있는데, 제13조(인사복지실) 3-1항에도 "군인, 군무원 및 공무를 수행하는 근로자의 인사, 인사근무, 교육 및 훈련(합동 및 연합훈련은 제외한다)에 대한 정책과 계획의 수립·조정 및 제도발전"이 인사복지실의 업무로 분류되어 **교육 정책의 주무부서가 모호**하다.[47]

---

46 국방부와 그 소속기관 직제(시행 2018. 1. 2. 대통령령 제28574호) http://www.law.go.kr/법령/국방부와그소속기관직제/(28574,20180102)[검색일: 2020. 2. 17]

47 위의 대통령령.

"모두의 책임은 누구의 책임도 아니다"라는 격언처럼 혹시 국방정책실은 합동전문인력 육성정책 효과를 달성할 책임이 인사복지실에 있다고 생각하는 게 아닐까? 반면 인사복지실은 합동전문인력의 인사관리만 자신의 소관 업무이고, 나머지는 국방정책실 업무라고 생각하는 게 아닐까? 앞에서 분석한 「국방 교육훈련 훈령」과 「국방 인사관리 훈령」 제3장 제2절 합동전문인력 및 연합·합동전문인력 관리의 제62조 교육 내용은 이러한 추론을 충분히 뒷받침해준다. 결국 **'교육훈련 정책관' 직위를 없애는 과정에서 공교롭게도 교육정책에 대한 업무가 두 부서 모두의 업무로 중첩되었는데, 오히려 결과는 정반대**로 나타난 것이다. 즉, 책임의 모호성으로 합동전문인력 육성을 위한 교육정책에 대해 **두 부서 모두 무관심해지는 결과**를 초래한 것이다.

미국과 영국 등 군사 선진국들이 합동전문인력 육성과 합동교육을 합동군사력 개발의 핵심으로 인식하여 법률을 통해 누구의 책임하에 각 군의 계급별 군사교육과 합동교육이 어떻게 연계해야 하는지를 명확히 하고, 합동전문교육과정 졸업자를 어떻게 보직하고 활용할지에 대해 각종 정책을 긴밀히 연계시켜 정책효과를 거두고 있는 것과는 매우 대비되는 모습이다.

제4절 합동성에 대한 정치 논리와 자군 중심주의

1. 합동성에 대한 무관심과 다양한 인식

이렇게 합동전문인력 육성정책을 구현하기 위한 **교육정책과 인사정책이 부실하고 불합리하며 비연계되어 있는데도 오랫동안 방치되는 이유는 무엇일까?**

모두가 말로는 "합동성이 중요"하고 "교육을 통해 합동성을 강화"해야 하며, 합동전문인력 육성정책의 목표에 공감하면서도 계속 표류하는 근본적인 이유는 무엇인가?

저자가 합동군사대학교 총장 재직 시 이 문제를 해결해보고자 다각적인 노력을 경주했으나 국방부는 승인하지 않았다. 여러 차례 공문으로 건의해도 반응이 없어서 직접 국방부 정책기획관은 물론 정책실장, 인사복지실장, 인사기획관, 국방차관, 각 군 참모총장, 합참의장, 국방부 장관을 찾아다니며 이 문제의 중요성과 개선방안을 보고했다. 그리고 최소한 합동고급과정의 입교대상 계급이라도 기존의 '중령'에서 '소령~중령'으로 탄력적으로 조정해줄 것을 건의했다. 이렇게 인사관리만 일부 조정해도 우수한 자원의 합동전문가과정 입교를 유도할 수 있고, 우수자에게 1년간 전문교육을 한 후 합동직위에 보직하는 것만으로도 일단은 정책효과가 제고될 것이었기 때문이다. 당시 반응은 취지에 공감하고 매우 좋은 방안이라는 것이었다. 그러나 정작 국방부 교육훈련정책과의 최종 검토 결과는 "특정 군(○군 정작참모부)에서 굳이 소령을 포함시킬 필요가 없다는 의견이 있기 때문에 수정할 수 없다"는 것이었다. '소령~중령'으로 수정하면 군별 특성에 따라 융통성 있게 적용할 수 있는데, 왜 국방부는 궁색한 이유를 들어 부동의한 것일까?

여기에는 기본적으로 **국방부 내 사람과 조직 문제가 연계되어 있다. 특히 정책을 다루고 결정하는 사람들이 너무 자주 바뀐다.** 참고로 2001년 1월부터 2018년 9월까지 역대 국방장관의 평균 재임기간을 분석해보니, 총 10명으로 재임기간은 평균 1년 10.5개월이며, 2001년 10월부터 2018년 9월까지 역대 합참의장은 총 11명으로 재임기간은 평균 1년 7개월을 넘지 않았다.[48] 장관과 정책실장을 비롯한 실·국장들, 과장들 대부분이 정권이 바뀌면 바뀌고, '육·해·공군 균형 편성' 및 '육·해·공군 순환보직' 정책에 따라 바뀌고, 진급하기 위해 바뀌고, 진급하면 바뀌고, 때가 되면 또 바뀐다. **그러다 보니 정권 및 장관의 관심과 관련된 정책과 현안 위주로 관심이 집중**된다. 합동전문인력 육성 같은 이슈는 **언론에 한번 터지거나 국회 국방위에서 관심을 표명하지 않는 한 우선순위에서 계속 밀리게 되어 있다.** 청와대에서 강조하거나 언론에서 질타하는 업무와 정책을 우선적으로 챙기다 보면 합동전문인력 육성정책 효과 저조 문제 같은 것은 깊이 들여다볼 여유가 없다.

---

48 https://www.mnd.go.kr/cop/pastcmndr/selectPastcommandersForUser.do?siteId=mnd&componentId=114&sortOrdr=--%EC%84%A0%ED%83%9D%EF%BF%BD&pageIndex=1&id=mnd_060304000000&commanderSeq=&commanderPhotoPath=(검색일: 2020. 2. 29) http://www.jcs.mil.kr/mbshome/mbs/jcs2/subview.jsp?id=jcs2_010205010000(검색일: 2020. 3. 14)

더구나 국방부를 구성하는 육·해·공군과 해병대, 국방부 공무원과 군무원의 합동성에 대한 인식이 군별로 다르고 각자 다르다. 3군과 관련된 문제에서는 모두 합동성을 이유로 자군 중심주의가 발동된다. 본질적인 이해가 부족하다 보니 말로는 누구나 합동성과 합동전문인력의 중요성에 대해 동의하지만, 실제로는 각자의 입장에서 바라보고 평가한다. 합동성에 대한 인식과 지향 방향이 다르다는 것 자체가 그만큼 합동성의 수준이 낮은 것이다.

2. '합동성 = 3군 균형발전'의 논리구조 문제

합동성에 대한 인식이 다양하고 모호한 이유는 근본적으로 정부에서 규정한 합동성 개념에 문제가 있기 때문이다. **즉, 합동성을 군사적 관점으로 바라보지 않고 정치적 관점으로 규정했기 때문**이다. 제2장에서 살펴본 바와 같이 원래 '합동성(jointness)'이라는 개념은 미군이 1980~1990년대 걸프전 등 실전을 치르고 합동성을 강화하기 위해 군사혁신을 추진하면서 등장한 개념이었다. 그래서 개념 정의도 **효율적 용병(用兵)과 관련된 것으로 논란의 여지가 거의 없다. "둘 또는 그 이상의 사람들에게 공통되는 질이나 상태**(the quality or state of being common to two or more persons)**"**(웹스터사전), **"각 군의 장점을 배합하여 합동 전투력을 높이는 것"**(William A. Owens), **"전쟁에서 육·해·공 3군의 전력을 기계적으로 균등하게 사용하는 경직된 의미가 아닌, 주어진 상황에서 가장 효과적인 전력을 사용한다는 의미"**(David Deptula)처럼 **"육·해·공군 등 제반 요소를 효율적으로 통합 운용하여 시너지 효과**(Synergy Effects)**를 극대화하는 것"**이 보편타당한 개념일 것이다. 그래서 2000년대 한국군에

'합동성'이라는 용어가 처음 소개될 당시에는 대부분 이러한 용병과 관련된 개념들로 사용되었다. 이것은 기존의 '합동', '합동작전', '합동개념'이라는 용어만 있을 때 사용하던 **'가용 전투력의 효과적인 통합 운용', '통합전투력 발휘'**와 유사한 개념이며, 효율적인 전력 운용과 관련된 지극히 일반적인 개념이었다.

그러나 노무현 정부는 「국방개혁법」 제정 시 '합동성'을 정의하면서 본래의 용병(用兵) 개념을 희석시키고 양병(養兵) 개념, 즉 '3군 균형발전'의 개념을 부각했다. 「국방개혁법」 제1장 총칙 제1조(목적)에는 "이 법은 지속적인 국방개혁을 통하여 우리 군이 북한의 핵실험 등 안보환경 및 국내외 여건 변화와 과학기술의 발전에 따른 전쟁양상의 변화에 능동적으로 대처할 수 있도록 국방운영체계, 군 구조 개편 및 병영문화의 발전 등에 관한 기본적인 사항을 정함으로써 선진 정예 강군을 육성하는 것을 목적으로 한다"[49]고 전제하면서도 제2조(기본이념)를 보면 첫째가 '문민기반 확대'이고, 둘째가 '미래전의 양상을 고려한 합참의 기능 강화 및 육군·해군·공군의 균형 있는 발전'을 강조하고 있다.[50] **즉, 북한의 핵실험 등 제반 안보환경에 대처하기 위해 가장 중요한 국방개혁 중점 1·2번으로 '문민기반 확대'와 '3군의 균형발전'을 꼽은 것**이다. 이 과제가 잘못되었거나 덜 중요하다는 의미는 아니다.

다만 이 과제를 최우선 과제로 선정한 데는 군사적 고려보다는 정치적 고려가 우선시되었다는 것이다. 왜냐하면 제1조(목적)에서 제시한 북핵 위협 등 안보환경을 고려한다면, 제2조(기본이념)에는 "어떻게 해야 적의 위협을 억제하고, 침략 시 적의 비대칭 위협을 어떻게 극복하고

---

49 「국방개혁에 관한 법률」, 제1조.

50 「국방개혁에 관한 법률」, 제2조.

전쟁에서 승리할 것인가?” 또한 “미래 안보 환경 및 잠재 위협 고려 시 미리부터 무엇을 어떻게 준비해나갈 것인가?” 하는 군사적 관점에서 접근하는 것이 상식적일 것이다.

3. 합동성에 대한 정권의 정치적 접근

그러나 노무현 정부는 이 법에 ‘문민기반 확대’, ‘3군의 균형발전’, ‘합참의 각 군 인력 균형 편성’, ‘국방부 직할 부대장의 육·해·공군 균형편성’, ‘상비병력(육군병력) 감축’ ‘여군 확대’, ‘인권보장’, ‘병영문화개선’ 등을 중점적으로 담았다. **국방개혁을 민주, 인권, 경제성, 투명성, 균형발전이라는 다분히 정치적 관점에서 접근**한 것이다. 여기에는 전통적인 안보 지상주의에 대한 거부감도 작용했다. 민주화 운동 세력이 주도한 정부와 여당은 과거 권위주의와 군사정권에 대한 피해의식이 그 어느 때보다 컸으며, 이는 자연스럽게 육군에 대한 거부감으로 이어졌다.

여기에는 장차전에서 육군보다는 해·공군이 더 중요할 것이라는 막연한 기대감도 한몫을 했다. 「국방개혁법」 제3조 제6항 합동성의 정의를 보면, “첨단 과학기술이 동원되는 미래전쟁의 양상에 따라 총체적인 전투력의 상승효과를 극대화하기 위하여 육군·해군·공군의 전력을 효과적으로 통합·발전시키는 것”[51]이다. 여기서 문장 앞부분의 “첨단 과학기술이 동원되는 미래전쟁의 양상에 따라”라고 전제한 것은 다음 문장인 “육군·해군·공군의 전력을 효과적으로 통합·발전시키는”

51 「국방개혁에 관한 법률」, 제3조 제6항.

배경과 필요성을 제시한 것이다. 내용을 풀이해보면 미래전쟁이 숫자 위주, 재래식 군대를 상징하는 육군보다는 첨단 과학기술을 상징하는 해·공군 전력이 중요함을 전제하는 것이다.

이는 노무현 정부가 국방개혁을 추진하고 「국방개혁법」을 제정할 당시 걸프전과 이라크전에서 보여준 미 해·공군의 첨단전력에 고무된 것으로 보인다. 특히 스텔스기와 무인기, 그리고 JDAM, CBU-94/B, GBU-28/37, BLU-118/B, BLU-82, 전자기 펄스탄 등의 정밀 유도미사일 및 스마트 폭탄을 보유한 공군력이 미래전에서 가장 중요한 역할을 할 것으로 예상되었다.

그러나 첨단전력이 만능이 아님을 역사가 증명하고 있다. 2003년 해·공군의 첨단전력으로 곧바로 끝날 것으로 예상했던 이라크전쟁은 이후 2011년까지 10년 가까이 지속되었고, 2001년부터 2021년까지 20년이나 지속된 아프간전쟁은 해·공군 위주의 첨단전력만으로는 한계가 있음을 명확히 보여주었다.

더욱이 사막이나 평원 같은 작전지역에서는 해·공군의 첨단전력이 빛을 발휘할 수 있지만, 아프가니스탄이나 한반도 같은 산악지형에서는 상황이 완전히 다르다. 반복되는 22사단 경계작전 실패 사례에서도 보듯이 다른 사단보다 2~3배 정도 넓은 책임지역을 부여하면서 아무리 GOP과학화 경계시스템 같은 첨단전력으로 보강해도 산악지형에서는 분명히 한계가 있다. 지형적 특성이나 대적하는 적 위협 양상에 따라 때로는 첨단전력보다 병력이 더 경제적이면서 효율적일 수 있다.

합동성의 개념을 3군 전력의 균형발전을 포함한 3군 균형발전의 개념에 치중하는 것이 일반론으로는 맞는 말 같지만, 과연 대한민국의 안보 환경에서 가장 우선시해야 하는 고려사항일까? 군사적 관점에서 본다면 첨단 과학기술전의 양상과 주변국의 잠재적 위협도 고려해야겠지만, 아직까지 대한민국의 주적은 적화통일을 목표를 지난 70여 년간 전쟁 준비에 올인(all-in)해온 128만 명의 북한군이다. 작전환경은 아프가니스탄과 유사한 70% 이상의 산악지역, 그러면서도 북한군은 이러한 산악지역을 활용하여 수십 년간 철저히 은폐하고 갱도화하여 핵공격 하에서도 생존하고 장기 작전을 할 수 있도록 철저히 준비해놓았다. 거기다가 수십 년간 핵 및 생화학무기, 장사정포 및 유도무기, 특수전부대, 땅굴, 사이버, 무인기 등 소위 비대칭전력은 여전히 한국군을 압도하고 있다. **수십 년간 정권의 교체도 없이, 국가 대전략의 변화도 없이 오로지 전쟁준비에만 집중해온, 세계에서 가장 호전적이고 위협적인 군대와 대적하고 있는 한국군에 3군 균형발전이 결코 '국방개혁 제1의 원칙'일 수는 없다. 이것은 명백한 정치적 접근이며 정치 논리**다.

대한민국은 세계 최강의 첨단 군사력을 보유한 미국과 지난 70여 년간 혈맹의 군사동맹을 맺으면서 세계에서 가장 효율적인 연합작전체제를 구축해왔다. 물론 세계 10위권의 경제 대국, 선진국의 반열에 진입한 국가로서 전시작전권이 없다고 하면 국민 자존심도 좀 상하고 어찌 되었건 병력집약형 군 구조를 개편해나가야 한다. **그러나 국방은 자존심이 아닌 생존의 문제이고, 실리의 문제다. 국방을 군사적 관점이 아닌 포퓰리즘(populism)과 정치의 관점으로 접근해서는 안 될 것**이다.

그럼에도 불구하고 노무현 정부는 합동성의 개념을 "전쟁에서 승리하기 위해 3군 전력 등을 어떻게 하면 효과적으로 통합 운용하여 시너지를 발휘할 것인가?"라는 용병 차원의 개념 정의를 택하지 않았다. 그리하면 오히려 합동군 체제를 넘어서 통합군 체제로 발전하는 근거가 될지도 모른다고 우려한 것일 수도 있다. 이것은 그 후 합참의장의 권한을 강화하기 위한 상부지휘구조 개편마저 육군 중심의 군 구조를 강화할 것이라고 비판한 해·공군의 우려와 일치한다. 각 군 참모총장에게 평시작전권을 부여하고 합참의장에게 이를 통제하는 권한을 부여하는 방안에 대해서도 정치권은 육군 중심주의와 군사정권의 망령을 떠올리며 반대의 손을 들어주었던 것처럼 합동성의 개념도 군사적 관점이 아닌 정치적 관점으로 접근한 것이다. 노무현 정부가 합동성을 용병이 아닌 양병 위주의 모호한 개념으로 규정함으로써 그 이후 20여 년 가까운 세월 동안 '3군의 균형발전'과 이를 보장하기 위한 '국방부, 합참 등 정책부서의 육·해·공군 균형 편성', '육·해·공군 순환보직' 등을 강화하는 논리로 작동해왔다.

저자는 '3군 균형발전' 개념 자체가 문제가 있다거나 이를 반대하는 것이 아니다. 합동성 강화를 위해 3군 균형발전은 필요하다. 그러나 '합동성 = 3군 균형발전'이라는 논리구조가 문제라는 것이다. 군사적 접근이 아닌 정치적으로 접근하다 보니 논리구조도 잘못되었다. 지난 20여 년간 **한국군 합동성 강화정책과 합동전문인력 육성정책 표류의 근원에는 바로 이 문제가 자리** 잡고 있었다. **잘못된 합동성의 개념이 오히려 자군 중심주의를 심화시켜 곳곳에서 합동성을 약화시키는 결과를 초래**한 것이다.

4. 합동성에 대한 육군의 인식

1990년을 기점으로 한국군의 군 구조는 '3군 병립제 하 자문형 합참의장제'에서 '합동군제하 통제형 합참의장제'로 바뀌었다. 그러면서 합참의 권한과 조직·편성이 대폭 강화되었다. **그러나 몇십 년이 지났는데, 오히려 각 군 중심주의는 심화되고 합동성은 낮은 수준**이다. 2016년 한국국가전략연구원에서 실시한 한국군의 합동성의 수준 평가 결과를 보면, 응답자의 75.5%가 5단계 중 1 · 2단계 정도의 낮은 수준으로 평가했고, 합동성을 저해하는 요인으로는 ① 자군 중심주의(58.2%), ② 타군에 대한 이해부족(22%), ③ 구조 및 편성 문제(11%) 순으로 나타났다.[52]

북한군 128만여 명 대비 국군 59.9만여 명(육 · 해 · 공군 구성비 7.7 : 1.2 : 1.1)[53]의 비대칭 위협에 대하여 대한민국의 전통적인 국방전략은 한미연합방위체제를 최대한 활용하는 것이었다. 제한된 국가예산을 고려하여 고비용 · 고기술의 해 · 공군은 "미군 주도(supported) - 한국군 지원(support)"으로, 상대적으로 저비용 · 저기술의 지상군은 "한국군 주도(supported) - 미군 지원(support)"의 개념으로 군사력을 건설하는 것이었다.

이러한 역사적 배경에서 **지금까지 육군은 '지상군 = 한국군'이라고 생각하고 "7~8배 이상 인원이 많은 육군이 국방부와 합참을 주도할 수밖에 없다"는 육군 중심주의를 당연시해온 것이 사실**이다. 그래서 2005년 육군이 발표한 슬로건도 "국가방위의 중심군"이다. 합동성 개념도 '전투력의 시너지효과를 극대화하기 위한 3군 전투력 등의 효율적인 통합 운용'이라는 본질적 측면, 즉 용병 측면을 중시한다. 그러다 보니 북한군의 군사적 위협이 사라지기는커녕 더욱 증대되는 안보 상황에서 북한의 위협보다 미래 잠재위협에 더 치중하는 논리에 납득하지 못하고 있다. '선진국으로서의 자존심', '북한의 전쟁도발 불가론', '평화 지상주의', '우리 민족끼리', '미국으로부터 탈피', '반미친중론', '친북반일론', '미래 일본과의 충돌을 대비한 해 · 공군력 강화' 등의 이

---

52 한국국가전략연구원, 「우리 군의 합동성 진단 및 합동성 강화 발전방안」, 45-40쪽.

53 한국군은 2018년 말 기준 총 59.9만여 명으로 육군 46.6만, 해군 7만, 공군 6.5만여 명이다. 대한민국 국방부, 『2018 국방백서』 http://www.mnd.go.kr/user/mnd/upload/pblictn/PBLICTNEBOOK_201901151237390990.pdf(검색일: 2020. 2. 28)

슈로 국민의 감성을 자극하며 국방문제를 포퓰리즘적으로 다루는 데 거부감을 갖고 있다.

또한 **합참과 국방부 직할부대의 모든 부서에 육·해·공 1 : 1 : 1의 3군 동일비율 편성으로 통제하는 '3군 균형 편성' 논리에 대해서도 거부감과 피해의식**을 갖고 있다. 왜냐하면 노무현 정부는 2006년 「국방개혁법 시행령」에 3군 균형편성과 3군 순환보직 원칙을 규정하고 합참과 국직부대의 장군 및 대령 공통직위를 육군 : 해군 : 공군 2 : 1 : 1로 보직하도록 했다. 그리고 문재인 정부는 2018년 이를 더욱 강화하여 「국방개혁2.0」에 이 비율을 육군 : 해군 : 공군 1 : 1 : 1로 조정하여 육·해·공군을 동일 비율로 편성하려 하고 있다. 이러한 불공정에 대해 육군의 불만은 더욱 커지고 있다.

능력과 전문성보다는 정치적 논리로 접근하는 3군 순환보직도 불만이 크다. 문재인 정부는 2017년 해군을 국방부 장관, 공군을 합참의장, 해병대 (예)중령을 정책실장, 공군을 정책기획관, 해군을 국방부 조사본부장 등으로 임명하는 등 그동안 통상 육군으로 임명하던 직위를 해·공군으로 조정하는 파격 인사를 단행했다. 이어서 2019년에는 공군을 국방부 장관, (예)공군을 정책실장, 공군을 안보지원사령관, 공군을 국방부 조사본부장 등으로 임명했다. 그 결과 해·공군 장성 및 대령 등의 국방부·합참의 보직 소요 증가로 본부 및 예하 부대에 보직할 인원이 부족하여 국방부와 청와대에 공석 확대를 지속 건의하는 실정이다. 반면 육군은 상대적으로 진급 공석이 지속 축소되고 있다.[54]

육군은 합참과 국방부의 3군의 이해관계와 관련되는 정책 결정부

---

54 「정책브리핑」 http://www.korea.kr/news/pressReleaseView.do?newsId=156283891(검색일: 2020. 5. 28)

서의 직위(전력, 예산 등)에서 육군 : 해군 : 공군을 1 : 1 : 1의 동일 비율로 보직하는 데 대해 불만이 없다. 다만 나머지 모든 공통부서에도 획일적으로 적용하는 것은 불합리하다고 인식한다. **아무리 '3군 균형보직'이 중요해도 기본적인 적재적소의 인사원칙을 적용하여 능력과 전문성, 각 군의 계급별 가용 인원 등을 고려하여 보직해야** 한다는 것이다.[55]

5. 합동성에 대한 해 · 공군의 인식

반면, 해·공군은 군 특성상 육군과는 여러 면에서 다르다. 기능이 다르고, 임무와 작전환경이 다르다. 육군은 지상이라는 전장의 특성상 다양한 마찰요인과 불확실성 속에서 여러 제대, 다양한 기능부대들의 협동작전으로 상대적으로 느리고 복잡하다. 그래서 통상 장기간의 전투를 수행하며 더 많은 사상자가 발생하고, 군중심리에 더 노출된다. 해·공군은 하늘과 바다라는 전장의 특성상 항공기와 함정을 중심으로 작전하며, 상대적으로 전장 가시화가 용이하고 전투는 비교적 단기간에 종료된다. 시공간 측면에서 육군이 상대적으로 한 곳에 장시간 체류하며 시간당 행군속도는 수 km 정도인 반면, 해군은 수십에서 수백 마일을 이동하며, 공군은 수백 km에서 수천 km를 이동한다. 그래서 "해·공군은 장비에 병력을 배치하고, 육군은 병력에 장비로 무장한다"는 영국군 격언처럼 해·공군은 함정과 항공기를 중심으로 기타 기능

55 "국방개혁 2.0의 허와 실", 「월간조선(2018. 12)」 http://monthly.chosun.com/client/news/viw.asp?ctcd=E&nNewsNumb=201812100029(검색일: 2020. 5. 28)

및 구성원의 업무분화가 발생한다.

각 군의 문화, 관습, 전통, 가치, 업무방식 등도 다를 수밖에 없다. 육군은 집단의 조직력이 핵심이다. 그래서 일사불란, 지휘체계, 상명하복, 군기 · 사기 · 단결 등의 가치를 강조한다. 바다라는 고립된 환경에서 작전하는 해군은 모든 것이 함정 중심, 그래서 함장 중심이다. 해상의 위험이나 전투지역에서 이탈할 군인이 없기에 어떤 측면에서는 육군보다 더 자발적인 복종과 폐쇄적 · 계층적인 문화를 보인다. 반면 모든 것이 항공기와 조종사 중심인 공군은 장교와 준사관, 부사관, 병사의 계층적 역할과 조종, 정비, 관제, 무장 등의 기능적인 역할이 명확하다. 그래서 좀 더 자율적이고 유연한 문화와 가치를 갖고 있다.

이러한 군별 근원적인 차이에 창군 이후 형성된 국방체제의 특수성은 각 군 간 인식의 차이를 더욱 크게 만들었다. 북한의 침략과 재침략 위협, 한미연합 방위체제, 전후 국가재건과 경제개발이라는 특수성으로 인해 한국군은 창군기부터 병력집약형 군 구조, 즉 육군 중심의 군 구조를 갖게 되었다. 이러한 과정에서 해 · 공군은 소위 '소군(小軍)'의 설움을 겪어왔다. 그래서 해 · 공군은 비록 서로 간에도 차이점과 경쟁의식이 있지만, 육군 중심주의, 권위주의적 군대문화, '육방부(陸防部)' 등에 대한 거부감과 피해의식 면에서는 비슷한 인식을 하고 있다.

해 · 공군은 전통적인 북한의 위협뿐만 아니라 주변국의 위협을 중시한다. 그래서 **합동성의 개념도 지상군 위주의 재래식 군사력 건설과 육군 위주의 편중된 정책 결정을 극복하기 위한 '3군의 균형'과 '3군 전력의 균형발전'에 초점**을 맞추고 있다. 즉, "첨단과학기술이 동원되는 미래전쟁의 양상에 효과적으로 대처할 수 있도록 해 · 공군 전력의 우선적 발전"과 국방부, 합참 등 정책부서에서의 '육 · 해 · 공군 균형 편성'과 '육 · 해 · 공군 순환보직'의 관점에서 합동성을 바라보고 있다. **이**

러한 논리는 노무현 정부 이래 이명박·박근혜 정부의 국방개혁에도 지속 반영되어왔을 뿐만 아니라 노무현 정부 국방개혁의 계승을 강조하며 「국방개혁 2.0」을 천명한 문재인 정부 들어 더욱 강화되었다.

6. 정치 논리가 자군 중심주의 심화

육·해·공군의 합동성에 대한 인식 차이는 이명박·박근혜 정부 시절 국방개혁 추진과정에서도 극명하게 드러난다. 2010년 천안함 폭침 사건과 북한의 연평도 포격도발 사건의 교훈으로 한국군의 합동성 문제가 부각되었다. 국방개혁의 책임을 부여받고 2010년 12월 4일 임명된 김관진 국방장관은 합동성을 강화하기 위해 상부지휘구조 개편을 추진했다.

상부지휘구조 개편안의 핵심은 다음 〈그림 5-2〉와 같이 합동성 강화를 위해 영국군처럼 각 군 참모총장에게 평시 군령권을 부여하고, 군령 부분에 대해서는 합참의장의 지휘를 받도록 하자는 것이었는데, 처음에는 청와대와 여론의 지지를 받는 듯했다. 그러나 해·공군 예비역 장성의 반대를 시작으로 정치 이슈화되면서 청와대와 정치권의 지지도 약화되었다.[56]

해·공군은 상부지휘구조 개편안이 통합군으로 가는 것이며, 개편되면 육군 중심주의가 강화되고 3군 균형의 합동성이 크게 후퇴할 것

---

56 이에 대한 세부적인 내용은 김열수, 「상부지휘구조 개편 비판논리에 대한 고찰」, 『국방정책연구』 92(서울: 한국국방연구원, 2011)와 "군 상부지휘구조 개편 옳은가?"(한겨레신문, 2011. 11. 29) http://www.hani.co.kr/arti/opinion/argument/507743.html(검색일: 2010. 3. 20) 참조.

〈그림 5-2〉 상부지휘구조 개편안

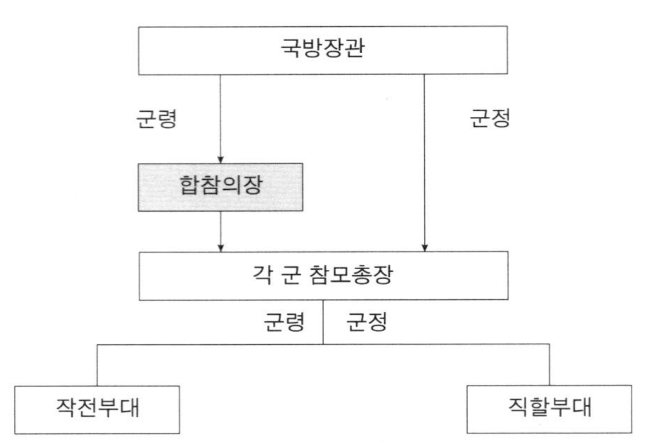

* 출처: 김열수, "상부지휘구조 개편 비판논리에 대한 고찰," 『국방 정책연구』 92(서울: 한국국방연구원, 2011), 22쪽

으로 우려했다. 결국 「국군조직법」 개정안은 19대 국회(2012년 5월 30일~2016년 5월 29일)를 끝내 통과하지 못했다.[57] 정치권의 육군 중심주의에 대한 우려가 과거 군사정권에 대한 내재된 거부감과 맞물리면서 설득력을 발휘한 것이다. 이것은 합동성을 바라보는 육·해·공군의 시각 차이와 각 군 중심주의의 현주소를 잘 보여주는 사례다.

또 다른 사례는 '지상작전사령부(Ground Operations Command)**' 창설과 관련된 육군과 공군의 작전 책임지역 논란과 이와 관련된 전력화 논란**이다. 지상작전사령부는 노태우 정부를 시작으로 오랜 검토 끝에 지난 2019년 1월 1일부로 창설되었다. 기존의 제1야전군과 제3야전군을 통합하여 창설된 지작사는 전방지역 지상작전을 통합지휘하며 한반도 유사시 '한-미 연합지상구성군사령부' 역할도 수행한다. 첨단 정보력과

57 이에 대한 세부적인 내용은 홍규덕, 앞의 글, 108-109쪽; 김태효, 앞의 글, 361-363쪽 참조.

막강한 화력, 효율적인 지휘체계를 기반으로 스마트하면서도 더 강력한 임무수행 능력을 확보하기 위해 예하에 7개 지역군단과 1개 기동군단, 지상정보단, 화력여단, 통신여단, 군수지원사령부, 공병단 등을 지휘한다. 후방지역을 방어하는 제2작전사령부와 육군본부 직할부대를 제외한 육군 전체 중 3/4가량의 대부분 야전부대가 지작사의 지휘를 받는다.[58]

그중 화력여단은 북한의 장사정포[59]에 대응하기 위한 전문부대로 전술지대지유도탄(KTSSM) **등으로 장사정포 진지와 스커드미사일 기지 등의 주요 목표 타격을 위주로 하는 부대다.**[60] 전술지대지유도탄(KTSSM; Korean Tactical Surface-to-Surface Missile)은 북한이 장사정포 공격을 한 2010년 연평도 포격도발에 대해 긴급 전력 보강을 위해 당시 이명박 대통령의 특명사업(일명 '번개사업')으로 국방과학연구소(ADD)에서 다년간 극비리에 연구한 끝에 개발에 성공한 신형 지대지 미사일이다. 별명은 '장사정포 킬러'로 180km 정도 떨어진 곳에서 표적을 오차범위

---

58 https://www.hani.co.kr/arti/politics/defense/877652.html(검색일: 2022. 2. 14)

59 수도권을 직접적으로 위협하는 장사정포는 700여 문으로 개전 초 시간당 최대 2만 5천 발 이상 발사될 수 있을 것으로 평가하고 있다. 170mm 자주포(사거리 54km) 500여 문, 240mm 방사포(사거리 60km) 200여 문과 최근 개발 중인 300mm 방사포(사거리 200km), 대구경 방사포 등이 포함된다. 군사분계선 북방 10km 이내에 집중적으로 구축되어 있으며, 동굴형, 터널형, 벙커형 등의 갱도진지에서 주로 운용된다. 사격은 갱도 출구 개방, 사격 준비, 사격, 이동, 출구 폐쇄 순으로 이루어지며, 소요시간은 1회 사격 시 10발 기준으로 170mm 자주포의 경우 20~30분, 240mm 방사포의 경우는 6분 정도가 소요된다. https://bemil.chosun.com/nbrd/bbs/view.html?b_bbs_id=10040&num=31556(검색일: 2022. 2. 14)

60 군단이나 사단의 포병여단과는 다르게 자주포나 전차가 아닌 전술지대지유도탄(KTSSM), 천무 다연장로켓, ATACMS를 운용한다. https://ko.wikipedia.org/wiki/%ED%99%94%EB%A0%A5%EC%97%AC%EB%8B%A8_(%EB%8C%80%ED%95%9C%EB%AF%BC%EA%B5%AD)[검색일: 2022. 2. 14]

3~4m 이내로 타격할 수 있는 무기체계다.[61] 장사정포 갱도 진지를 뚫고 들어가 파괴할 수 있는 '침투형 열압력탄두'[62]를 달았으며, 동일 발사대에서 수 초 이내에 4발을 발사할 수 있다.[63] 알려진 제원은 아래 〈표 5-6〉과 같다.

〈표 5-6〉 전술지대지유도탄(KTSSM)의 종류

구분	KTSSM-Ⅰ	KTSSM-Ⅱ
타격대상	170mm 자주포 갱도, 240mm 방사포 갱도	스커드 미사일 고정시설, 300mm 방사포 갱도
최대사거리	약 100km	약 200km
발사대	고정형 발사대	이동형 발사대

* 출처: 위키백과의 내용을 도표로 요약 정리, https://ko.wikipedia.org/wiki/ %EC%A0%84%EC%88%A0%EC%A7%80%EB%8C%80%EC%A7%80%EC%9C%A0%EB%8F%84%ED%83%84(검색일: 2022. 2.14)

전술지대지유도탄(KTSSM)의 장점은 현무 계열의 탄도미사일이나 타우러스(TAURUS) 등 공대지 미사일 가격에 비해 매우 저렴하여[64] 휴전

61 https://www.edaily.co.kr/news/read?newsId=02850326625933576&mediaCodeNo=257 (검색일: 2022. 2. 14)

62 먼저 침투탄이 뚫고 들어가 타격을 입히고, 이어 열압력탄이 산소를 빨아들이며, 후폭풍으로 파괴력을 극대화하는 방식으로 장사정포 진지를 파괴하는 데 효과적이다. https://kookbang.dema.mil.kr/newsWeb/m/20210819/1/BBSMSTR_000000100038/view.do(검색일: 2022. 2. 14)

63 https://ko.wikipedia.org/wiki/%ED%99%94%EB%A0%A5%EC%97%AC%EB%8B%A8_(%EB%8C%80%ED%95%9C%EB%AF%BC%EA%B5%AD)[검색일: 2022. 2. 14]

64 '현무2' 가격은 50~80억 원, 타우러스(TAURUS) 공대지 미사일 가격은 25~30억 원에 달하는 반면, KTSSM의 가격은 8억 원 정도로 알려져 있다. https://blog.naver.com/bluemoon420/222264427014 .https://namu.wiki/w/KEPD%20350(검색일: 2022. 2. 14)

선 근방 약 700개의 장사정포 갱도진지에 대해 유사시 포탄처럼 대량으로 즉각 대응할 수 있다. 그래서 육군은 북한의 비대칭 위협에 대응하여 전쟁의 판도를 일거에 바꿀 수 있는 '5대 게임 체인저'에 이 전술지대지유도탄(KTSSM)을 1번으로 포함할 정도로 중시하고 있다.[65]

그러나 지상작전사령부와 화력여단이 창설된 시점은 물론이고 몇 년이 지나도록 전술지대지유도탄(KTSSM)**의 전력화는 지연**되고 있다. 정상적이라면 부대 창설 시기에 맞추어 무기, 장비, 인력, 시설 등을 함께 전력화하는 것이 당연한데, 가장 중요한 무기가 없는 전력의 공백이 발생한 것이다. 왜 그럴까? 전술지대지유도탄(KTSSM)은 이미 10여 년 전부터 극비리에 개발하여 고정형인 I형은 2013년도에, 이동형인 II형은 2017년도에 이미 합참에서 소요결정이 완료된 상태였다. 문재인 정부에서도 임종석 비서실장이 UAE를 방문하여 수출을 추진할 정도로 그 우수성은 인정한 것 같은데,[66] 웬일인지 그 이후 몇 년이 지나도록 전력화는 계속 지연되고 감사원 감사 등으로 표류해왔다.[67]

문재인 정부 초기 전술지대지유도탄(KTSSM) **전력화에 대한 주요 반대 논리는 "장사정포를 굳이 육군의 미사일로 대응할 필요가 있는가?"**, "장사정포가 위치한 갱도 포병지역은 공군의 작전지역인데, 육군의 미사일로 타격하는 것은 맞지 않다",[68] "육군이 몸집을 부풀리기 위

---

65 https://librewiki.net/wiki/5%EB%8C%80_%EA%B2%8C%EC%9E%84%EC%B2%B4%EC%9D%B8%EC%A0%80(검색일: 2022. 2. 14)

66 https://www.hankookilbo.com/News/Read/202002201729756282(검색일: 2022. 2. 14)

67 방위사업청은 2020년 11월에야 비로소 육군 출신 국방부 장관의 주관하에 제131회 방위사업추진위원회를 열어 KTSSM 양산계획을 심의 의결했다. 총 3,220억 원을 투입해 2025년까지 최소 200여 기를 도입할 예정이다. https://news.g-enews.com/view.php?ud=202011260801039700c5557f8da8_1&md=20201126082714_R(검색일: 2022. 2. 14)

68 해당 분야의 연합사 주무처장으로 근무했던 저자의 경험으로 볼 때, 연합사는 FB를 지상군의 책임지역 북단 경계선의 개념으로 보고 있지 않으며, 작전상황에 따라 탄력적으로

해 욕심을 부리고 있다", "장사정포 대응에는 타격용 미사일보다는 아이언돔 같은 방어용(요격용) 요격미사일 체계를 개발해나가는 것이 더 효과적이다"라는 것이다.

그리고 이러한 논리는 문재인 정부의 「국방개혁 2.0」과 전력증강계획에 대부분 그대로 투영되었다. 매년 국방부가 발표하는 향후 4년간의 국방중기계획을 보면, 해군전력 면에서 '수직이착륙기(STOVL)를 탑재하는 경항모 사업 본격화', '차기 이지스함 추가확보', '6,000톤급 차기구축함(KDDX) 개발', '3,600~4,000톤 규모의 장보고-Ⅲ형 잠수함 추가확보' 등이 반영되고, 공군전력 면에서 'F-35A 스텔스 전투기 도입', 'KF-21 한국형 전투기 개발', 'KF-16 · F-15K 전투기 성능개량', '대형 수송기 추가확보' 등이 반영되었다.[69]

특히 "탄도탄 · 장사정포 등 도발 수단에 대응하는 '한국형 미사일 방어능력' 향상을 위해 '탄도탄 조기경보 레이더 추가 전력화', '탄도탄 작전통제소 성능개량', '패트리어트 성능개량', '천궁-Ⅱ · L-SAM 등 중 · 장거리 탄도탄 요격무기 대폭 도입', '한국형 아이언돔 개발착수' 등 **천문학적 예산이 소요되면서도 전력화의 끝도 없는 방어형 요격미사일 전력화에 대해서는 강조하면서도[70] 전술지대지유도탄**(KTSSM) **같은 장사정포 타격체계에 대한 언급은 없다.[71]**

해 · 공군의 전력증강에 대해 육군이 반대할 이유는 없다. 다만, 노무현 정부의 국방개혁 이전에 50만여 명이던 육군을 문재인 정부 들어

변경할 수 있는 것으로 보고 있다.

69 https://blog.naver.com/sj3589/222514387685(검색일: 2022. 2. 14)

70 https://kookbang.dema.mil.kr/newsWeb/20210903/15/BBSMSTR_000000010021/view.do(검색일: 2022. 2. 14)

71 https://kookbang.dema.mil.kr/newsWeb/20210903/15/BBSMSTR_000000010021/view.do(검색일: 2022. 2. 14)

36만여 명으로 감축하기까지 역대 정부의 일관된 개혁의 대전제는 병력을 줄이는 대신 첨단전력으로 보완하여 '과학기술군'을 만드는 것이었다. 그런데 육군부대 해체와 감군으로 전투력이 약화된 상황에서 해·공군은 4~5세대의 무기체계로 발전하는 데 반해 **아직 2~3세대의 무기체계인데도 육군의 전력화는 잘 반영되지 못하고 전체적으로 우선순위에서 계속 밀리고 있다.** 병력감축은 이미 완료되었는데 필수전력 사업들마저 대부분 지연되어 전력화 전체 진도는 50% 정도의 미미한 상황에서 육군은 어디에 하소연도 하지 못하고 있다. 더욱이 2개의 야전군사령부를 해체하여 이미 지상작전사령부가 창설되었는데도 전술지대지유도탄(KTSSM) 같은 핵심 대화력전 전력이 표류하고 앞으로도 상당 기간 전력의 공백상태가 지속되어야 하는 상황에 대해 개탄하고 있다.

지작사와 공작사의 작전 책임지역 논란에 대해서도 육군은 "합동교리에 명시된 대로 지상작전사령부의 전방 책임지역은 '한국작전전구(KTO)' 북쪽 경계선까지이므로 연합사령관이 설정한 'FB(Forward Boundary)' 전방지역은 육군의 관심지역이면서 공군이 주도하는 작전지역일 뿐 전적으로 공군만의 작전지역이나 책임지역의 의미가 아니며, FB는 작전상황에 따라 수시로 조정할 수 있다"[72]고 주장한다.

"더욱이 기존의 FB는 과거 전방군단 포병 사거리의 제한으로 군사분계선 가까이 설정된 것이므로 이제 지작사가 창설되고 지상군 화력여단의 사거리도 증가한 만큼 당연히 이것도 조정되어야 한다",[73] "개전 초 공군은 적의 최우선 표적이 되는 상황에서 이를 극복한다고 하더

---

72 대한민국 육군, 『야전교범1: 지상작전』(계룡시: 육군본부, 2018), 4-21~4-22쪽.

73 합동군사대학교, "FB설정 및 공역통제 관련 토의 결과", 「2018년 항공우주전략연구실 세미나」(대전: 합동대, 2018), 3쪽.

라도 종심지역의 전략표적 타격을 하기도 벅찬데, 과연 전방 지상부대와 수도권의 최고 위협이 되는 수많은 장사정포 갱도진지를 적시적으로 타격할 수 있을 것인가?", "700개 이상의 장사정포 갱도진지를 공군력으로 파괴하려면 추가로 엄청나게 많은 항공기와 지대공 유도 미사일이 필요할 것인데, 과연 현실성이 있는가?", **"그에 비하면 생존성도 우수하고, 대응도 빠르며, 가성비가 뛰어난 전술지대지유도탄**(KTSSM)**이 훨씬 효과적이지 않은가?" 이것이 진정 합동성을 강화하기 위한 것인지 답답**해하고 있다.

각 군 중심주의는 합동전문인력 육성정책에도 예외가 아니었다. 각 군의 인력 운영과 깊이 관련된 합동전문인력 육성정책에 대해 국방부와 합참이 관심이 없는데 각 군이 먼저 나설 이유가 없다. 그래서 정책효과 저조 문제도 합참의 일로 치부하면서 침묵해왔다. 국방부 및 합참에 파견되어 정책을 담당하는 각 군 장교들도 자군의 입장과 이해관계에 영향을 받는다. 국방부 공무원도 '국방부 문민화'에는 적극적이지만 합동전문인력 육성에는 무관심하고, 정책효과 저조 문제를 제기해도 혹시라도 각 군의 입장 또는 이해관계와 상충되는 부분이 있을 수 있고, '육 · 해 · 공군 균형발전' 문제에 결부될 수 있기 때문에 늘 조심스러웠던 것이다.

7. 합동참모본부의 합동성 표류

합동성의 수준이 낮을수록 합동군사교육정책에 깊이 관련되어 있고, 실제로 합동전문인력을 운용해야 하는 합참의 역할이 중요하다. 그러나 합참은 그 역할을 하지 못하고 표류하고 있다.

한국군과 상부 지휘구조가 비슷한 미국의 경우 합동전문인력 육성 정책의 효과를 제고하기 위해 「골드워터-니콜스 법(Goldwater-Nichols Act)」은 물론, 「미국 연방법」, 「국방수권법」 등을 통해 국가적 차원에서 관리하고 있을 뿐만 아니라 합참의장에게 강력한 권한을 부여하고 있다. 합참은 「합참의장 지시 1800-01E: 장교전문군사교육정책(Officer Professional Military Education Policy)」을 통해 각 군의 계급별 군사교육과 합동군사교육을 긴밀히 연계시키고 있으며, 「합동교육백서(CJCS Joint Education White Paper)」, 「합동장교 개발을 위한 합참의장 비전(CJCS Vision for Joint Officer Development)」 등을 통해 각 군의 합동교육은 물론, 교육과 인사관리가 긴밀히 연계되도록 조정·통제함으로써 정책효과를 거두고 있다. 자칫 책임이 모호하고 각 군에 맡겨놓을 경우 각 군의 이해관계에 따라 정책효과를 거두지 못할 수 있는 점을 고려하여 합동전문인력을 직접 운용해야 하는 합참의장에게 전폭적인 권한을 부여하고 있다. 합참의장에게는 합동전문군사교육뿐만 아니라 모든 장교 전문군사교육 정책 수립 권한이 부여되어 있으며, 합참은 합동전문인력을 체계적으로 육성·활용할 수 있도록 그 역할에 충실하고 있다.

그렇다면 한국군의 경우는 어떠한가? 한국군도 미군과 유사하게 합참의장에게 합동교육에 관한 권한과 책임을 부여하고 있다. 즉, 다음 〈표 5-7〉에 제시된 것처럼 2006년 「국방개혁법」 제정 이래 합참의장에게 합동군사교육체계 발전, 합동교육 지도·감독 등의 권한을 부여하고 있다.[74]

---

74 「국방개혁에 관한 법률」, 제23조 제3항; 「국방개혁에 관한 법률 시행령」(시행 2017. 12. 21. 대통령령 제28475호), 제11조; 「합동군사대학교령」(시행 2016. 1. 1. 대통령령 제26771호) 제7조 제1항.

〈표 5-7〉 법에 명시된 합참의장의 합동교육 관련 권한

구분	관련 조항
「국방개혁법」 제23조	③ 합동참모의장은 합동작전능력 및 이와 관련된 합동군사교육체계 등을 개발 · 발전시키고, …
「국방개혁법 시행령」 제11조	① (중략) 합동참모의장의 소속하에 합동성위원회를 둔다. ② 합동성위원회는 다음 각호의 사항을 심의한다. 1. (중략) 4. 합동군사교육체계의 개발 · 발전에 관한 사항
「합동군사대학교령」 제7조	① 합동참모의장은 국방장관의 명을 받아 합동군사대학교의 합동전투 발전업무 및 육군 · 해군 · 공군 합동교육을 지도 · 감독한다.

* 출처: 「국방개혁에 관한 법률」, 제23조 제3항; 「국방개혁에 관한 법률 시행령」(시행 2017. 12. 21. 대통령령 제28475호), 제11조; 「합동군사대학교령」(시행 2016. 1. 1. 대통령령 제26771호) 제7조 제1항의 내용을 도표로 정리

여기서 미국과 다른 점은 미국이 합동전문군사교육뿐만 아니라 모든 장교 전문군사교육정책 수립권한을 부여하는 데 반해 한국군은 "합동작전능력과 관련된 합동군사교육체계 개발·발전"이라는 다소 모호한 권한과 "합동군사대학교의 합동교육 지도·감독"이라는 제한된 권한을 부여하고 있고, 이것마저 "합동작전능력과 관련된 합동군사교육체계 개발·발전" 관련 사항은 각 군이 참여하는 '합동성위원회'의 심의를 받도록 되어 있다.

그러다 보니 **합참의장과 실제로 이 업무를 담당하는 합참 전략본부 합동전력발전부와 합참 군사지원본부 인사부의 관심은 부족**하다.[75] 물론 인사부는 합동자격장교의 합동직위 보직률 향상을 위해 나름 매년 합동직위 수를 늘리고 합동전문자격 기준을 완화하고 있다. 하지만 앞에서 살펴본 것처럼 지난 10년간 효과가 없었을 뿐만 아니라 합동성

75 통상 합참의 전력발전부장 직위는 공군 소장이, 인사부장 직위는 해군 준장이 맡는다.

강화로 이어지지 않고 있다. **그럼에도 합동성을 강화하기 위한 개선 노력은 보이지 않는다.**

합동전력발전부는 『합동개념서』 재발간과 합동전투발전체계 업무를 위주로 하고 있다. 법에 명시된 '합동군사교육'이나 '합동군사교육체계 발전'에 대한 관심은 부족한 실정이며, 형식적인 '합동성 강화 세미나'를 개최하는 정도 외에는 별다른 활동을 찾아보기 어렵다.

합참이 관심이 없다 보니 2006년부터 법으로 부여한 '합동군사교육체계 정립, 발전'이라는 정책과제가 10여 년이 지나도록 원점에서 맴돌아 2019년 『국방 기본정책서』에도 원론적인 제목만 반영될 정도로 표류하고 있다.

여기서 **또 하나 놀라운 것은 10여 년 전부터 법에 명시된 합참의 장의 '합동군사교육체계 발전' 임무와 '합동군사대학교의 합동교육 지도·감독' 임무가 정작 「국방 교육훈련 훈령」에는 아예 반영도 되어 있지 않다는 점**이다. 제4조에는 다음과 같이 합동 연합훈련 관장 등 7개의 임무만 제시되어 있을 뿐이다.

제4조 (국방부본부 등의 임무)

1. 국방부 본부 (중략)
2. **합참**
   가. 합동 및 연합훈련 관장 (중략)
   나. 민·관·군 통합 훈련에 대한 계획, 시행, 조정 및 통제
   다. 합동부대에 대한 부대훈련과 지원업무(시설, 물자, 예산, 발간물)**에 대한 지침 하달, 조정 및 통제**
   라. 연합 및 합동훈련 소요전력 지원, 함정 및 항공기 운용기준 인가 등에 관한 지침 하달

마. 합참 및 연합사 주관 합동 및 연합훈련 예산의 검토 및 조정

바. 전투준비태세 검열에 추가하여 부대훈련 평가 지원 (중략)

사. 연합 및 합동훈련, 합동부대의 '교육훈련 정기보고서'를 종합하여 국방부 보고[76]

10여 년 이상 이렇게 중요한 임무가 누락되어 있다는 것은 무엇을 말해주는가? 국방부는 반영도 하지 않고, 합참은 수정을 요구하지도 않았다는 것인데, 그동안 이 문제에 대해 관심이 매우 부족했음을 의미한다.

이것은 문재인 정부 들어 「국방개혁 2.0」을 추진하는 과정에서도 여실히 드러났다. 합동군사대학교를 해체하고 각 군 대학으로 분리하는 등 합동군사대학교 개편을 검토하고 정책을 결정하는 과정에서 국방부는 당연히 여기에 권한과 책임이 있는 합참을 통해 각 군의 의견을 듣고 의사결정을 했어야 한다. **그러나 각 군 본부와 합동군사대학교 등을 대상으로 관련 회의를 여러 차례 하면서도 합참은 포함하지 않았다.** 합참 역시 이 문제와 관련하여 「국방개혁법」에 규정된 '합동성위원회'를 개최하는 등의 규정된 법적 조치를 취하지도 않았다. 2011년 합동군사대학교 창설 여부를 결정하기 위해 '합동성위원회'를 개최하여 정책을 결정했던 것과는 너무도 다르다.

이렇게 합참이 합동군사교육과 합동전문인력 육성정책에 관심이 저조한 이유는 무엇일까? 먼저 현행작전 위주의 업무수행이다. 즉, 한국군의 합참의장제는 장관의 군령을 보좌하는 '자문형 합참의장제'이면서 합동부대를 작전지휘하는 합동작전사령관의 역할을 수행하는 '통

---

76 「국방 교육훈련 훈령」, 제4조.

제형 합참의장제'이기도 하다. 그러다 보니 구조적으로 눈앞에 보이는 현행작전이나 현행업무에 편중될 수밖에 없다. 합동고급과정과 연계하 우수요원 선발, 내실 있는 합동전문교육, 졸업자에 대한 합동특기 부여, 합동직위 보직, 진급 관리 등 합동전문인력을 체계적으로 육성·활용하는 업무는 통상 관련 부장이나 과장의 영역으로 치부되어왔다.

또 다른 중요한 요인은 합참의장의 인사권 부재에서 오는 합참 근무요원의 합동성 부족 문제와 관련이 있다. 한국군의 합동성 수준 평가 결과 응답자의 **75.5%가 5단계 중 1·2단계 정도의 낮은 수준으로 평가**하고, **합동성을 저해하는 요인으로 ① 자군 중심주의**(58.2%), **② 타군에 대한 이해부족**(22%), **③ 구조 및 편성 문제**(11%)**가 지목**되었다는 점은 한국군과 합참의 합동성 수준과 실태가 어떠한지를 가늠하게 한다.[77]

합참 근무요원에 대한 보직, 진급, 징계 등 대부분의 인사권한은 각 군 본부의 참모총장들에게 있다. 각 군 파견 장교 및 장성들이 지휘계통상의 타군 직속상관이나 타군의 합참의장보다 자군의 참모총장에게 더 주목할 수밖에 없는 시스템이다. 그러다 보니 합참은 아직도 "각 군 본부에서 파견 나온 장교들의 조직", "합동성보다는 각 군의 이해관계를 대변하는 조직"이라는 평가에서 크게 벗어나지 못하고 있다. 이러한 구조적 문제로 합참근무요원은 말로는 합동성을 강조하지만, 내심 **"각 군의 권한·예산·정원·전력 등의 민감한 사안"에 대해서는 은밀히 각 군 본부에 첩보 보고하고 업무처리 지침을 받는 것을 당연시**하고 있다.

이와 관련하여 웃지 못할 일화가 있다. 어느 날 ○군 출신 합참의

77 한국국가전략연구원, 「우리 군의 합동성 진단 및 합동성 강화 발전방안」, 45-40쪽.

장이 자군 요원으로부터 "자군 입장에서 ○○전력화를 반드시 해야 하는데, 타군 출신인 합참 ○○부장이 이를 반대하고 있다"는 보고를 받고 화가 나 ○○부장을 호출했다. 그리고 "도대체 자네는 합참의 ○○부장인가? 아니면 ○군의 ○○부장인가?"라며 질책했다. 그러자 그 ○○ 부장 왈(曰), "그러시는 의장님은 합참의 의장님이십니까? 아니면 ○군의 의장님이십니까?"라며 반발했다는 일화는 유명하다. 합참의 합동성 수준을 단적으로 보여주는 장면이다.

제6장

합동전문인력 육성정책의 효과 제고를 위한 정책대안

제1절 합동전문자격제도의 합리적 개선

한국군의 합동전문인력 육성정책의 효과를 제고하기 위해서는 무엇보다 합동전문자격제도를 합리적으로 개선해야 한다. 미국이 2007년부터 시행하고 있는 '합동자격제도'를 들여다보면 해답의 실마리를 찾을 수 있다. 기존의 '합동특기제도'가 지나치게 합동직위 경험을 중시한 데 반해, 합동자격제도는 이를 보완하여 다양한 합동·연합 경험도 인정하고 계급별 적합한 합동경험을 하더라도 1단계와 2단계 합동전문군사교육을 이수해야 한다. 특히 합동자격은 2단계 합동전문군사교육을 마치면서 부여받는다. 한국군의 경우 아무리 합동전문교육과정을 이수해도 합동직위에 1년을 근무해야 자격을 부여받는 것과 매우 대조적이다.

한국군의 합동자격기준도 이를 참고하여 합리적으로 개선해야 한다. 현재 한국군의 합동군사교육체계는 미국의 2단계 합동교육체계와 유사하다. 1단계는 보편성의 원칙에 기반하여 진급한 대부분의 소령을 대상으로 하는 합동기본과정이다. 이 중 정규과정은 1년간의 교육기간 중 약 3.5개월을 합동교육하며, 단기과정은 약 6개월의 교육기간 중 약 8주를 합동교육 한다. 2단계는 수월성(秀越性)의 원칙에 기반하여 합동군사대학교 합동고급과정에서 120여 명의 육·해·공군 중령급 우수자를 선발하여 1년간 합동교육 한다.

따라서 **합동군사교육 2단계인 합동전문교육과정은 전문과정에 합당한 자격을 부여해야** 한다. 즉, **합동고급과정 졸업자에 대해서는 졸업과 동시에 합동전문자격을 부여해야** 한다. 그리하여 **졸업과 동시에 합동직위에 100% 보직하여 활용하도록 해야** 한다. 이렇게 되면 합동전문자격의 위상도 향상되고, 합동직위에 합동전문자격 보유자의 보직률도 대폭 향상됨으로써 합동전문인력 육성정책의 효과를 확실하게 개선할 수 있다. 합동전문자격자 보유자의 보직률이 향상되면 그만큼 합참 등 합동부대의 주요 부서 핵심요원의 합동성과 전문성이 향상되어 각군 중심주의를 극복할 수 있을 것이고, 합동장교들이 계속 진급하여 고위 장성들로 성장하여 군을 주도하면 그만큼 한국군의 합동성도 크게 향상될 것이다.

또한 **합동·연합전문인력제도의 합동·연합예비전문자격과 같이 합동군사교육 1단계 이수자에 대해서는 합동예비전문자격을 부여해야** 한다. 합동기본과정 졸업자 중 정규과정으로 제한할지, 아니면 단기과정도 포함할 것인지는 면밀한 검토가 필요하나 합동전문자격을 취득하기 위한 예비 자격이기 때문에 단기과정 졸업자에게도 문호를 개방해 주는 것이 더 바람직하다고 본다.

제2절 합동고급과정 입교대상 계급 조정 및 우수자 유인책 강화

합동전문자격제도를 개선하여 합동고급과정 졸업자에게 합동전문자격을 주고 100% 합동직위에 보직하는 것만으로는 한계가 있다. 왜냐하면 합참에 보직되는 소령~중령은 소위 '정책부서 실무자'로서 '보고서 잘 쓰는' 장교를 필요로 한다. 즉, 합참에 요구되는 합동전문인력은 기본적으로 논리적 말하기, 글쓰기 등 비판적 사고능력이 있으면서 합동성과 전문성을 갖춘 장교인데. 현 국방인사관리 시스템은 합참에 필요한 우수자원을 적시에 공급해주지 못하기 때문이다.

그런데도 합동고급과정 졸업자의 합동직위 보직률 향상을 위해 "입교자 선발 시 중령(진)을 최대한 줄이고 중령 위주로 선발해야 한다"는 주장[1]은 설득력이 부족하다. 이 주장의 논리는 중령(진)의 경우 졸업 후 대대장 보직을 수행해야 하기 때문에 중령(진)을 중령으로 조정하면 그만큼 합동부서의 보직률이 증가한다는 것이다. 표면적으로 보면 나름 일리 있는 처방처럼 보인다. **왜냐하면 실제로 2013년부터 2018년까지 6개 기수의 중령 : 중령(진) 구성 비율을 보면 34.2 : 65.8%로 중령은 1/3에 불과하고 2/3가 중령(진)**이기 때문이다.[2]

---

1 국방대학교 산학협력단, 앞의 글, 68쪽; 김효중·박휘락·이윤규, 앞의 글, 72-73쪽 내용 참조.

2 합동군사대학교, 「합동고급과정 입교대상 및 졸업 후 보직분석(결과)」(합동대: 2019. 7.

그러나 아무리 중령(진)의 입교를 줄이고 중령 입교대상을 늘려도 현 합동전문인력 육성정책과 제도에서는 인사운영 현실상 중령 우수자의 입교 증가를 기대하기 어렵다. 설령 합동전문자격제도를 개선하여 졸업 시 합동전문자격을 부여한다고 해도 이것이 합동고급과정의 중령 지원율 향상으로 이어질지는 의문이다. 또한 무리해서 중령으로만 입교대상 통제를 강화한다고 해도 각 군의 인력운영상 적절한 육·해·공군 학생장교 구성 비율을 맞추기 곤란하다. 더욱이 중령 졸업자의 합동부서 보직률이 어느 정도 향상될지도 의문이다. 왜냐하면 대부분의 진급에 유리한 합동직위는 이미 대대장 등 필수보직을 마친 동기생들로 채워져 있어 갈 수 있는 자리가 극히 제한되기 때문이다.

따라서 오히려 현재의 입교대상 계급을 중령에서 소령~중령으로 융통성 있게 적용하는 것이 여러모로 합리적이다. 그것은 적어도 다음과 같은 세 가지 이유 때문이다.

첫째, 합동전문가를 조기에 육성·활용할 수 있다. 현재 전체 합동직위 771개 가운데 소령 직위가 208개나 된다. 지금까지는 별도의 전문교육 없이 보직해왔는데, 만일 1년간 전문교육 후 졸업 시 '합동전문자격' 또는 여기에 어학능력까지 갖추면 '연합·합동전문자격'을 부여하면서 합동직위 또는 연합·합동직위에 보직하면 '선교육 후보직'의 원칙에도 부합하고 전문인력의 지속 활용성도 제고되는 등 정책효과가 대폭 향상될 것이다.

둘째, 소령의 진급 최저 복무기간이 5년으로 중령의 4년보다 길고, 필수직위 기간도 짧아 중령보다 교육여건이 좋다. 소령~중령으로 융통성을 부여하면 각 군별 인사운영을 고려하여 탄력적으로 적용할

---

25), 2쪽.

수 있는 장점이 있다. 그럼에도 국방부는 합동군사대학교의 입교대상 조정 건의에 대해 승인하지 않았다. 중령을 교육하는 데 소령이 함께하는 데 대해 일부 군에서 동의하지 않는다는 것이 그 이유였다.[3]

그런데 사실은 이미 합동고급과정은 이미 오래전부터 중령진급 예정자이기는 하지만 법적으로 소령계급인 중령(진)이 2/3이고 나머지 1/3의 중령이 함께 공부하고 있다. 또한 미국과 영국의 사례에서도 보듯이 소령~중령 또는 중령~대령으로 융통성을 부여하고 있다. 더욱이 교육현장에 있는 교수들의 의견을 들어보면 계급적 경험도 가치가 있으나 더 중요한 점은 지적 능력이 우수한 학생들이 많아야 교육 수준이 향상된다는 것이고, **고참 중령보다 오히려 중령(진)인 소령들이 지적능력이 우수한 경우가 많다**는 것이다.

셋째, 우수 인재육성을 위한 교육시스템 보완 측면에서도 더 효과적이다. 미국, 프랑스 등은 소령 때 1년 과정의 기본교육 후 그중에서 우수자를 선발하여 1년간의 전문심화교육을 통해 민간대학의 석사과정처럼 2년 연속교육하는 시스템을 적용하고 있다. 이에 비추어보면 **한국군도 소령 때 합동기본과정을 마친 인원 중 우수자를 선발하여 2년 차에 합동고급과정에 입교시키면 교육의 연속성이나 전문성 심화 측면에서 훨씬 효과적**이다. 그리고 이러한 인재를 합동직위나 연합합동직위에 보직하여 활용하면 정책효과도 향상될 것이다.

합동고급과정의 입교대상 계급 조정과 함께 우수자원이 많이 지원할 수 있도록 유인대책을 강화해야 한다. 합동고급과정 졸업자에 대해

---

3 2018년과 2019년 합동군사대학교는 이 문제를 각 군 참모총장과 국방장관, 국방차관, 정책실장과 정책기획관, 인사복지실장과 인사기획관에게 보고하여 공감을 얻고, 2020년부터 시행하기 위해 합동군사대학교 학칙개정을 건의했으나 담당부서인 국방정책실 교육훈련정책과는 일부 군의 교육관계자가 동의하지 않는다는 이유로 승인하지 않았다.

인사관리에 불이익이 없도록 해야 하며, 진급 시 잠재역량 평가 등에 유리하게 반영되도록 해야 한다. **특히 1단계 합동기본과정에 이어 2년차에 2단계 합동고급과정에 입교함을 고려하면 미국처럼 졸업 시 군사학 석사학위를 수여하는 것이 마땅**하다. 학위는 합동군사대학교 총장 또는 국방대학교 총장 명의로 하면 될 것이다. 이를 위해 국방부가 관심을 갖고 관계법령을 개정하고, 교육부와 협의해야 한다. 합동고급과정 졸업 시 군사학 석사학위를 수여하면 우수인원의 지원 유도는 물론 석사과정 위탁교육의 예산을 절감하는 효과도 거둘 수 있을 것이다.

현재는 육·해·공군대학과 합동참모대학, 국방대학교 안보과정 등 **군사전문교육기관에서 아무리 교육을 많이 받아도 군사학 석사를 주지 않는 반면, 오히려 민간대학 군사학과에서** 야간과정이라도 석사과정을 이수하면 **군사학 석사학위를 주는 이상한 시스템이 오랫동안 지속**되어왔다. 그럼에도 국방부는 이에 대해 관심을 갖지 않고 침묵해왔다. **국방부는 군사교육의 전문성을 스스로 인정하고 교육부 등 관계부처와 적극 협의하여 이를 개선해야** 한다.

만일 이 문제가 쉽게 해결되지 않는다면 과도기적인 대책으로 영국처럼 지역 유수의 민간대학과 연계하여 민간대학 총장 명의의 석사학위를 주는 방법도 있다. **합동고급과정 1년의 교육기간을 3개 학기로 구분하여 정상적으로 교육하고, 야간과 휴일을 이용하여 1개 학기를 추가 편성하여 희망자에 대해 민간대학에서 교육하는 방안**이다. 이미 합동군사대학교와 상당수의 민간대학이 학점인정 및 교류에 관한 협약을 맺은 상태이므로 이를 보완하면 충분히 가능한 방안이다.[4]

---

4 합동군사대학교는 2018년 한남대, 대전대, 건양대, 용인대, 경기대, 상명대, 상지대와 학점 인정 및 교류에 관한 협약을 체결했다.

제3절 합동전문인력에 대한 합리적인 인사관리 개선

합동전문인력 육성정책이 효과를 발휘하려면 합동전문자격제도 개선, 합동고급과정 입교대상 계급 조정 및 우수자 입교 유인책 강화와 함께 합동전문인력에 대한 인사관리가 합리적으로 개선되어야 한다. 즉, **현재의 불합리한 국방전문인력 분류기준을 보완하여 합동전문인력도 국방전문인력으로 인정해야** 한다. **그래서 국방전문인력과 같은 수준의 합리적인 인사관리를 해주어야** 한다.

그러기 위해서는 먼저 **합동직위 소요를 정확히 산정하고 소요에 의거하여 합동전문교육 소요를 산출**해야 한다. 그동안 매년 합참이 주관하는 '합동성 강화 세미나'와 합참이 외부 연구기관에 의뢰하여 나온 합동직위의 보직률 향상 방안은 주로 "합동직위를 확대하는 것"이었다.[5] 이에 따라 국방부와 합참은 매년 합동직위를 지속적으로 확대해왔다. 2009년 560개에서 2012년 513개, 2013년 680개, 2016년 739개, 2019년 771개로 지난 10년 동안 27% 이상 확대되었지만,[6] 근본적인

---

5 김효중 · 박휘락 · 이윤규, 앞의 글, 145-149쪽; 합동참모대학, 「합동군사교육 및 인사제도 발전방향」, 92쪽; 합동참모본부, 「합참 · 육 · 해 · 공군 합동토의」(합동참모본부, 2009), 14쪽 내용 참조.

6 합동참모대학, 「합동군사교육 및 인사제도 발전방향」, 91쪽; 문승하 외, 앞의 글, 77쪽;

문제는 아직 해결되지 않고 있다. 따라서 오히려 방만하게 확대된 합동직위를 재검토하여 소요를 정확히 산정해야 한다.

그리고 합동직위 소요를 고려하여 합동고급과정 배출인원 소요를 산출해야 한다. 1년간 교육 후 배출된 인원은 졸업과 동시에 합동전문자격을 부여하고 **선교육 후보직의 원칙을 적용하여 합동직위에 보직해야** 한다. 또한 **국방전문인력과 같이 전문성과 지속 활용성을 고려하여 합동전문인력 경력관리모델을 적용하고, 필요 시 필수직위를 필한 것으로 인정하고 장기보직 할 수 있도록 하는 등 인사관리에 융통성을 부여해야** 한다.

특히 합동전문인력은 대부분 전투병과 장교들이기 때문에 "자군의 계급별 · 병과(특기)별 평균 진급률을 고려하여 선발"하는 것은 불합리하다. **미국과 영국의 사례를 참고하여 진급관리도 단계적으로 개선해나가야** 한다. 미국과 영국이 합동전문교육과정 졸업생을 차기 계급으로 거의 100% 진출시키고 상당수를 최고위급 장군까지 지속 진급시키는 데는 그만한 이유가 있다. 그만큼 우수한 자원들이 지원하고 이들 중에 최고 우수자원을 엄선하여 합동형 인재로 교육하여 배출하기 때문에 진급경쟁력이 출중하기도 하지만, **더 큰 이유는 정책적으로 이들을 통해 각 군 이기주의를 극복하고 합동성으로 단결된 강군을 육성**하기 위함이다.

합동참모본부 인사관리 및 지원과, 앞의 글, 1쪽.

제4절 합동교육정책 개선 및 합참의 역할 강화

합동전문인력에 대한 교육은 명확히 국방교육정책의 업무영역이다. 더욱이 합동교육 문제는 민감하고 각 군 중심주의에서 보면 별로 달갑지 않다. 그럴수록 **국방정책실에서 합동전문인력 육성정책의 방향을 명확하게 설정해주어야** 한다. 『국방 기본정책서』, 『교육훈련 정책서』, 「국방 교육훈련 훈령」 등 각종 정책문서를 재검토하여 누락되거나 연계되지 않고 최신화되지 않은 부분부터 보완해야 한다.

이를 위해 교육정책관실을 복원하여 이러한 책임과 역할을 다할 수 있도록 해야 한다. 여기서 교육과 인사관리가 잘 연계되도록 조정·통제해주어야 하며, 합동고급과정 입교 지원 대상을 인사운영의 현실성과 정책효과를 고려하여 현행 '중령'에서 '소령~중령'으로 조정해야 한다. 또한 이 과정 졸업자에게 군사학 석사학위를 수여할 수 있도록 관련 법률 개정을 추진하고 교육부 등 관계부처와 협의해야 한다.

국방정책실과 인사복지실로 이원화되어 있는 관련 조직도 교육정책관실로 조정하고, 이원화 중첩되어 오히려 업무 사각지대가 발생한 부분도 개선해야 한다. **교육훈련정책과장 직위도 특정 군으로 제한할 것이 아니라 각 군 교육과 합동군사교육을 잘 이해하고 균형감 있게 조정·통제할 수 있는 인원이 보직될 수 있도록 편제를 보완해야** 한다.

합동군사교육과 합동전문인력 육성에 대해 합참의장의 관심도 강화되어야 한다. 이를 위해 **합참의장에게 합동군사교육에 관한 정책수립 권한과 합동전문인력과 합참근무요원에 대한 인사권을 보장해야** 한다. **합참의 구조도 합리적으로 개선할 필요**가 있다. 평시도 바쁜데 전시로 전환되면 합참의장에게는 계엄사령관과 통합방위본부장의 역할도 부여된다. 몇 년 후 미군으로부터 전시작전권을 전환 받으면 전시 한미연합군의 전구사령관 역할도 함께 수행해야 한다. 따라서 합참의장의 과도한 임무와 역할을 분리하여 **합참의장은 장관의 군령보좌 역할에 충실하게 하고, 별도의 합동군사령관을 임명하여 연합사령관을 겸직하면서 전·평시 작전을 지휘하도록 하는 것이 더 현실적이고 효율적인 방안**이다.

합참의 담당 부서장인 합동전력발전부장이나 합동전투발전과장의 직위도 획일적으로 특정 군으로 통제하기보다는 합동성과 교육정책에 대한 전문성이 우수한 인원이 수행할 수 있도록 해야 한다.[7]

아울러 합동교육체계 발전과 관련한 기존의 여러 주장과 연구들도 본질적 측면에서 재검토해야 한다. 대부분의 기존 연구들은 현 국방부의 합동군사교육체계가 문제가 있으며, 모든 계급의 양성 및 보수교육 과정별 합동교육을 강화해야 한다는 점을 강조하고 있고, 국방부도 이러한 방향으로 가고 있다. 일단 합동교육을 강화하자는 데는 공감한다.

다만 **합동교육 강화방안이 무조건 미국처럼 전 계급체계 교육과정에 적용하는 것이 최선일지, 아니면 영국처럼 위관장교 교육은 자군 교**

---

7 국방부와 합참의 장교 부서장 직위는 3군 균형발전, 3군 균형보직의 원칙을 적용하고 있다. 세부적으로 보면 육·해·공군의 나눠 먹기식 특정 군 고정보직 직위와 육·해·공군의 순환보직 직위로 구분하여 법으로 고정되어 있는데, 조직 효율성 측면에서 많은 문제가 야기된다. 따라서 합동성을 위해 합참의장에게 능력과 전문성을 고려한 융통성 있는 보직권한을 부여할 필요가 있다.

육에 집중하고 영관장교 교육부터 강화해도 될 것인지의 문제부터 근본적으로 따져봐야 한다. 왜냐하면 합동성 강화를 위해 합동교육을 강화할 필요가 있지만, 합동교육만 강화한다고 합동성이 강화되지는 않기 때문이다. 더욱이 초군반, 고군반 등의 학교기관 교육은 토요 휴무제 시행 등으로 과거에 비해 교육 가용 시간은 갈수록 줄어드는 반면, 인권, 사고예방, 부대관리 등 추가해야 할 소요는 계속 증가하고 있다. 새로운 과목을 계속 추가할 수는 있지만, 그만큼 기존 과목의 교육시간이 줄고 교육의 질이 떨어진다. 자칫 "수박 겉핥기식 교육"이 우려된다.

교육과정별 합동교육을 "누구에 의해, 어떤 과목을, 몇 시간 이상 교육"하도록 획일적으로 통제하는 것보다 더 중요한 것은 해당 군의 병과, 특기, 계급에 필요한 적절한 합동교육을 하되, **핵심은 타군을 이해하고 자군 중심주의에 매몰되지 않도록 하는 것이 더 중요**하다. 아무리 합동교육을 통해 합동성의 중요성을 설명해도 자군 교육 시 타군을 비방하고 자군 중심주의를 주입한다면 합동교육시간을 아무리 늘려도 교육효과는 없어지기 때문이다.

그리고 중령급 장교의 **합동군사교육을 강화하기 위해 "합동고급과정을 필수과정화해야 한다"는 발상[8]도 비합리적**이다. 전 계급체계의 합동교육을 강화하는 측면에서는 바람직한 것처럼 보이지만, 현실성이 없는 방안이다. 각 군의 인력운영 현실상 진급한 모든 중령급 장교를 1년간 합동교육 할 수는 없기 때문이다. **모든 교육은 보편성과 수월성(秀越性)의 원칙을 적절하게 조화롭게 하는 것이 효과적**이다. 즉**, 합동고급과정은 수월성의 원칙을 적용하여 「국방개혁법」에 명시된 합동직위**

8 국방부는 전작권 전환에 대비하여 연합·합동전문인력 육성을 위해 2021년부터 합동고급과정을 중령계급의 필수과정화하려고 추진 중에 있다. 합동고급과정의 정규과정은 현행대로 하고, 미입교자들을 대상으로 단기과정 편성을 준비 중에 있다.

에 근무할 합동기획 전문가 육성을 위한 교육과정이 되는 것이 마땅하다. 합동직위의 연간 보충소요와 연계하에 가용자원 중 가장 우수한 영관장교를 선발하여 교육하는 과정으로 더욱 발전시켜야 한다. 일반적인 영관장교는 소령 시절 합동기본과정에서 받는 약 3개월의 합동교육, 중령시절 합동고급과정을 수료하지 못하고 합참에 처음 보직된 인원에 대한 단기교육으로 보완하는 것이 바람직하다. 즉, 합동군사대학교에서 1~2개월의 단기교육 과정을 개설하여 필수적인 직무지식과 균형 있는 합동성을 함양하는 것이 더 합리적인 방안일 것이다. **무조건 새로운 교육과정을 신설하고 교육과목과 교육시간을 늘리는 것이 능사가 아니기 때문**이다.

합동교육에 가장 중요한 것은 유능한 합동형 장교를 육성하는 것이다. 즉, 자군 중심주의의 패러다임으로 국방을 바라보는 장교가 아니라 어떤 것이 국익에 부합하는지, 어떻게 해야 전쟁을 억제하고 적과 싸워 승리할 것인지, 합동군의 패러다임으로 국방을 바라보는 합동형 장교를 육성하는 것이다. **특히 합동군사대학교 합동고급과정 교육의 핵심은 "균형 잡힌 합동성 개념으로 무장한 합동기획 전문가를 육성하는 것"이어야** 한다. 무엇보다 "어떻게 하면 육·해·공군 등 제반 요소의 장점을 효과적으로 통합하여 전투력의 상승효과(synergy effects)를 극대화할 것인가?" 하는 균형 잡힌 합동성의 관점에서 사고할 수 있어야 한다. 미래전쟁과 장차전의 양상을 꿰뚫고 합동사례에 정통해야 한다. 그리하여 명실상부한 합동교리, 합동전략, 합동전력, 합동작전의 전문가가 될 수 있도록 교육과정과 내용, 방법을 계속 발전시켜나가야 한다.

제5절 본질에 충실한 합동성 강화 및 국방개혁 추진

합동전문인력 육성정책이 실효성을 거두기 위해서는 근본적으로 합동성의 방향을 바로잡아야 한다. 그러기 위해서는 합동성의 개념을 바로잡아야 한다. **2006년 「국방개혁법」 제정 시 왜곡 정의된 '합동성' 개념이 본질에 충실하게 수정되어야** 한다. 제3조(정의) 6항 "합동성이라 함은 과학기술이 동원되는 미래전쟁의 양상에 따라 총체적인 전투력의 상승효과를 극대화하기 위하여 육군·해군·공군이 전력을 효과적으로 통합, 발전시키는 것을 말한다"라는 제5장 제4절에서 제기한 바와 같이 여러 면에서 합동성의 정의로는 부적절하다.

첫째, "3군의 전력을 어떻게 효과적으로 통합 또는 활용하여 전쟁에서 승리할 것인가?", "어떻게 하면 합동작전을 성공적으로 잘할 것인가?" 하는 **군사적 관점에서 규정되어야 할 정의가 '3군 균형발전'이라는 정치적 관점에서 규정**되었다. **둘째,** 장차전의 양상을 전제함에 있어 미래 과학기술 발전양상은 물론, **적 위협 특성, 작전환경의 특성, 동맹군사력의 특성 등을 종합적으로 고려하지 않고 단순히 과학기술전만 부각함으로써 왜곡된 합동성 개념을 정의하는 우**를 범했다. **셋째,** 합동성(jointness)이라는 개념은 미국이나 영국 등 선진국은 물론이고 일반적·상식적으로 정의된 내용을 봐도 **전력의 효율적 운용, 즉 용병을 설**

명하는 개념이다. 그런데 여기서는 "육군 · 해군 · 공군이 전력을 효과적으로 통합 · 발전시키는 것"으로 함으로써 **군사력 건설, 즉 양병의 개념을 강조하는 것으로 정의**했다. **넷째**, 합동성의 목적이 '전쟁승리', '강한 국방력', '합동작전의 성공' 등이 되어야 마땅한데, 여기서는 각 군이 자군의 전력을 효과적으로 통합 · 발전시키는 것으로 되어 있다. **합동성의 개념이 오히려 합동성을 역행하고 각 군 중심주의, 각 군 이기주의를 당연시하는 근거를 제공**해주고 있다.

이렇게 20년 가까이 합동성의 개념을 왜곡시키다 보니 합참이나 국방부는 물론, 이제는 장관 등 주요 직위자나 학자들도 합동성이란 "3군이 균형 있게 발전하는 것", 또는 어느 국방부 장관의 말처럼 많은 장교들이 "각 군이 잘할 수 있도록 하는 것"으로 이해한다.

따라서 **합동성의 개념은 이러한 정치 논리를 배제하고 순수하게 군사적인 관점에서 재정의해야** 한다. **본래의 의미에 충실하게 양병의 개념은 배제하고 용병의 개념으로만 한정하는 것이 타당**하다. 즉, **"육 · 해 · 공군 등 제반 요소를 효율적으로 통합 운용하여 시너지효과를 극대화하는 것"**으로 정의하는 것이 바람직하다.

'육 · 해 · 공군 전력'으로 한정하지 않고 '제반 요소'까지 포함한 이유는 현대전에서 3군 전력 외에도 합동작전에 필요한 사이버, 정보통신, 국가기관, 동맹군, 기타 민간요소 등 제반 전력과 요소를 모두 포함할 수 있어야 하기 때문이다. 따라서 **지금까지의 동일 국가 내 2개 군 이상의 활동을 '합동'으로, 동맹국 부대 간의 활동을 '연합'으로 구분하는 경직된 교리도 이제는 개선해야** 한다.

미군도 합동작전을 합동전력뿐만 아니라 제반 지원전력 및 기타 요소에 의해 수행되는 군사적 행동으로 정의하고 있다. 전구(戰區) 내 합동전력과 전구 외 육 · 해 · 공군 전력은 물론, 사이버 · 정보통신 등 전력, 정부기관, 동맹군 전력, 민간 지원 요소 등 제반 작전 요소를 단일 지휘관에 의해 통합·수행하는 작전으로 정의함으로써 합동작전의 개념에 동맹군 등 가용작전 요소를 모두 포함하고 있다. 한국군처럼 합동작전과 연합작전을 구분하지 않고 큰 틀에서 합동작전의 범주 안에 동맹군과의 작전을 포괄하고 있으며, 특별히 동맹국과의 작전과 관련된 교리는 '다국적 작전(Multinational Operations)'으로 분류하여 관리하고 있다.[9]

합동의 개념에 동맹군 등 제 작전 요소를 포함하게 되면 전시작전권 전환에 대비하여 연합작전 교리발전 측면에서도 바람직하다. 지금까지 연합작전 교리는 연합사에서 담당하는 것으로 인식해왔으나, 전작권 전환 후에도 작전을 수행하는 연합사 또는 연합사 내의 미국 측에서 담당하는 것은 바람직하지 않다. 당연히 합참의 교리 담당 부서 또는 관련기관의 업무다. 그런데 합동교리와 별도로 연합교리를 별도의 범주로 복잡하게 관리해나갈 것인가? 별도의 부서와 기관을 또 만들 것인가? '합동', '합동작전', '합동성'의 개념에 동맹군과의 작전을 포함하면 모든 문제가 해결된다. **합동교리의 범주 안에 들어가기 때문에 다른 합동교리처럼 합동군사대학교 합동교리처에서 담당**할 수 있게 되는 것이다.

"육·해·공군 등 제반 요소를 효율적으로 통합 운용하여 시너지효과를 극대화하는 것"으로 정의한다고 **3군 균형발전 개념이나 3군의 균형 잡힌 군사력 건설 개념이 부정되는 것이 아니다.** 오히려 기존의 합동성 정의로는 "합동성 강화를 위해 3군 균형발전이 필요하다"라는 말

---

9 관련 내용은 Joint Publication 3-0: Joint Operations 참조. https://www.jcs.mil/Portals/36/Documents/Doctrine/pubs/jp3_0ch1.pdf?ver=2018-11-27-160457-910(검색일: 2022. 1. 5)

이 논리적으로 모순된다. 왜냐하면 "총체적인 전투력의 상승효과를 극대화하기 위해, 육·해·공군이 전력을 효과적으로 통합·발전시키는 것을 강화하기 위해 3군 균형발전이 필요하다"라는 의미로 **3군 균형발전이 이중 중복적으로 설명되지만, 개선된 정의를 사용하면** "육·해·공군 등 제반 요소를 효과적으로 통합하여 시너지효과를 극대화하기 위해 3군 균형발전이 필요하다"라는 의미이기 때문에 **논리적으로 잘 연결될 뿐만 아니라 어떠한 편견이나 논란 없이 사용 가능**하다.

왜곡된 합동성 개념 인식에 기반한 합동군사대학교 개편 발상도 전면 재검토해야 한다. 문재인 정부는 "기존의 합동군사대학교를 해체하고, 각 군 대학을 각 군 본부로 원복"하는 정책을 「국방개혁 2.0」에 주먹구구식으로 포함하여 추진하고 있다. 그러면서도 대외적으로 혹시 알려져 시끄러워지지 않을까 조심하고 있다. 그래서 최초의 '해체'라는 표현도 '개편'으로 조정했다. '합동군사대학교'를 해체하되 그 예하에 있던 '합동참모대학'의 명칭을 '합동군사대학교'로 조정함으로써 해체의 의미를 희석시키려 하고 있다.

2010년 천안함 폭침 사건과 연평도 포격도발 사건으로 한국군의 합동성을 강화하기 위해서는 군사교육기관부터 통합하여 합동성을 강화한다는 취지로 2011년 종합대학교의 의미로 합동군사대학교를 창설했다. 영관장교 교육을 각 군 본부가 아닌 국방부 장관 통제하에 두고, 그 예하에 단과대학으로서의 각 군 대학을 두되 각 군 교육 관련 사항은 각 군 참모총장이 지도하는 체계를 구축함으로써 합동성을 강화하고자 한 것이다. 그런데 문재인 정부는 합동성 강화를 이유로 교묘하게 2010년 이전의 과거 체제로 환원하려는 것이다.

타당한 이유가 있다면 과거의 체제로 환원함이 당연하다. 그렇지만 정부의 개편 이유가 궁색하다. **"합동성 강화"** 또는 **단순하게 많은**

국방부 직할부대의 숫자를 줄여 "장관의 지휘 폭을 축소(하여 지휘 부담을 경감)**하기 위함"이라든지, 교육은 원래 군정권에 속하는 사항이니 "각 군 본부의 군정권을 강화하기 위함"이라는 것이 과연 타당한 이유인가?** 적어도 지난 10여 년간 합동군사대학교 운영의 성과를 분석하고 무엇이 문제인지 도출된 정책 문제의 타당성을 따져보고 전체적인 정책효과를 객관적으로 평가해본 다음 개선방안을 도출해야 하는 것이 순리 아닌가? 가장 효과적인 방안이 2011년 이전 체제로 회귀하는 것이라고 하더라도 충분한 의견수렴과 합리적이고 합법적인 절차를 거쳐 이루어져야 하는 것이 아닌가? 장관 지시 한마디에 이렇게 졸속으로 이뤄져도 될 만큼 합동군사교육이 사소한 문제인가?

2018년 해군 참모총장 출신이면서 문재인 정부의 초대 국방부 장관은 2019년 국방부 직할부대 개편 관련 최초 지휘관 회의에서 **"합동성은 각 군이 잘할 수 있도록 하는 것이므로 합동군사대학교를 해체하고 각 군 대학을 각 군 본부로 보내는 것이 오히려 합동성을 강화하는 것"**이라는 논리를 주장했다. 각 군 중심주의를 잘 드러내는 말이면서도 합동성 개념을 '3군 균형발전'의 측면에서만 인식하고 있음을 명확히 보여준다. 노무현 정부에서 「국방개혁법」에 왜곡되게 규정한 합동성의 개념이 그동안 국방부 장관을 비롯한 많은 주요 직위자의 인식과 정책에 얼마나 심각한 영향을 미치고 있는지를 잘 보여주는 사례다.

합동군사대학교 해체나 개편은 단순한 지휘관계의 조정 문제로 쉽게 결정할 문제가 아니라 한국군의 합동성과 미래가 걸린 대단히 상징적이고 중요한 문제다. 영국이 영관장교 교육기관을 각 군으로부터 분리하여 통합한 것은 과거부터 각 군 대학이 학생장교들에게 한편으로는 합동성의 중요성을 교육하면서도 또 다른 한편에서는 자군의 입장과 자군의 전력 증강의 필요성을 교육하고 은연중에 자군 중심주의에 빠지게 하는 병폐를 차단하기 위함이었다. 국방부 장관 직속의 '합동군사대학교'라는 합동부대로서 육·해·공군 출신의 교관·교수 등 교직원부터 타군을 이해하고 합동성의 균형된 시각을 갖고 합동의 문화를 형성하기 위함이었다. **아무리 개편 후에 합동교육을 현재와 같이 유지한다고 해도 이것은 명백한 합동성의 후퇴이며, 이로 인해 자군 중심주의는 더욱 심화될 것**이다.

지난 60여 년간 역대 정부가 합동성을 강화하고, 합동군사교육체계를 구축하기 위해 노력해왔음을 잊지 말아야 한다. 모든 제도는 장·단점이 공존한다. 현 제도의 단점이 있다면 일단은 현 제도의 틀 안에서 이를 보완하는 쪽으로 검토해야 한다. 특히나 교육은 백년지대계(百年之大計)다. 교육제도를 바꾸는 것은 대단히 신중해야 하며, 바꾸기 전에 먼저 총체적이고 본질적 진단을 해서 문제 인식을 제대로 해야 방향 설정에 문제가 없다. **잘못된 문제 인식에서 출발한 정책방향은 국가적 불행을 초래**한다.

얻는 것보다 잃을 게 많은 합동군사대학교 개편으로 많은 예산과 노력의 낭비, 제도 정착에 이르기까지의 시행착오를 반복하기보다는 역사가 요구하는 교육개혁의 방향이 무엇인지부터 잘 살펴야 할 것이다. 오히려 「국방개혁법」에 의거해 추진해온 지난 10여 년간의 합동전문인력 육성정책이 왜 아직도 자리 잡지 못하고 정책효과가 그렇게 저조한 것인지, 이 근본 문제를 해결하기 위해 국방 교육정책과 인사관리 정책을 어떻게 보완할 것인지, 그리고 합동고급과정과 합동기본과정 등 합동군사대학교 영관장교 교육을 어떻게 하면 더 내실 있게 할 것인지가 더 중요한 문제다.

장교교육 및 합동교육 관련 국방개혁을 검토함에 있어 무엇보다 중요한 것은 합동성의 본질적 개념에 충실하고, 이를 강화하기 위한 방

향으로 추진해야 한다는 점이다. 자칫 포퓰리즘(populism)적이고 정치적인 고려가 개입되어서는 안 되며 오로지 전쟁에서 승리하기 위한 군사적 측면을 고려한 합리적인 방향으로 추진되어야 한다. **한국군이 각 군 중심주의를 극복하고 진정한 합동성을 강화하기 위해서는 「국방개혁법」에 명시된 합동성의 개념을 합리적으로 보완하여 올바른 개혁의 방향성을 제시할 수 있도록 해야** 한다. 아울러 합참편성과 인적 구성 방안은 무엇인지, 그리하여 어떻게 하면 더욱 효율적이고 전쟁에서 승리하는 조직이 되도록 할 것인지를 고민하고 개선책을 마련하는 것이 더 중요하고 시급한 국방개혁과제일 것이다.

교육기관의 명칭 조정이나 지휘관계 조정보다 중요하고 시급한 국방개혁과제로는 오히려 작은 부분 같지만 가장 기본적인 "우수 교관·교수 확보 문제"다. "학생이 우수하려면 그들을 가르치는 선생님이 우수해야 한다"는 격언처럼 군사교육기관을 책임지고 관리하는 사람, 또 실제 교육하는 사람들을 잘 선발해야 한다. 평범한 장교에게 아무리 많은 준비시간을 부여해도 우수한 교관으로 거듭나기는 쉽지 않다. 그래서 자질이 우수한 인원을 선발하여 보직하는 것이 중요하다. 미군은 실전을 경험한 개념 있고 우수한 장교를 최우선적으로 합동전문교육과정의 교관으로 임명한다. 또한 **전쟁경험이 풍부하거나 지략이 출중한 예비역 장교 및 장성과 민간학자 중 훌륭한 역사 및 군사 전문가를 군교수로 적극 활용**하고 있다.

우리도 개념 있고 열정을 갖춘 우수자원을 선발하여 교관으로 임명해야 한다. 그중에서 최고의 자원을 합동고급과정의 교관·교수로 임명해야 한다. 독서를 많이 하거나 석·박사 학위과정을 통해 비판적 사고능력을 갖추고, 논리적 말하기와 글쓰기 능력이 우수한 사람이 필요하다. 그래야 학생장교들이 따라 배운다. 전쟁을 고민하고 역사와 전사

(戰史)에 관심이 많은 사람이 필요하다. 실제 전쟁과 전투경험이 없는 우리의 현실에서 어쩌면 제일 중요한 요건일지 모른다. 실전에 기초하지 않은 이론과 담론은 탁상공론이 될 가능성이 높기 때문이다. 전쟁의 본질과 장차전의 양상, 육·해·공군의 무기체계 등 각 군의 특성과 합동 및 연합작전을 잘 이해할 수 있어야 한다. 특히 자군의 기득권 유지 또는 자군 피해의식에 기반한 각 군 중심주의와 각 군 이기주의에서 탈피하여 오로지 국익과 국방, 합동군의 차원에서 균형 있게 바라보고 교육할 수 있는 사람이 필요하다. 실제 국방부 및 합동·연합 부대 근무경험이 많은 사람이면 좋고, 아니면 국내외 합동전문교육과정 등 전문군사교육을 통해 합동성과 전문성을 갖춘 사람이면 된다.

그러기 위해서는 기존의 학교기관 관리자와 교관·교수의 선발 기준과 시스템을 혁신해야 한다. 계급을 막론하고 현역 중에 위의 요건을 갖춘 인원을 찾아 보직해야 한다. 우수교관은 장기적으로 활용할 수 있도록 하고 최우선 진급시켜야 한다. 그리고 위의 요건을 충족하는 민간 전문교수의 비율을 증가시켜야 한다. 현역보다 경험이 많고 전문성과 열정, 품성이 우수한 예비역 장교 및 장군을 엄선하여 적극 활용해야 한다.

예를 들어 미국 등 선진국은 예비역 장교 및 장군의 경륜을 군사교육기관의 교수, 국가 및 기업 등에서 적극 활용하는 반면, 대한민국은 그러한 자리도 거의 없고 오히려 대부분 취업제한으로 통제하고 있다. 그러다 보니 예비역 영관장교들은 주로 비상계획관과 예비군 지휘관을, 예비역 장군은 주로 민간대학 초빙교수를 희망하고 있다. 따라서 예비역 장교 및 장군 중 우수자를 영관장교 교육기관의 교수 및 담임교관으로 활용한다면 예비역의 전직(轉職) 지원정책 면에서도 효과적인 방안이 될 것이다.

이처럼 우수 인재 육성을 위해 국방부가 정책적 차원에서 우수 교관 및 교수 확보 문제를 적극 검토해야 한다. 국방부가 스스로 혁신할 수 없다면 1987~1989년 미국의 '스켈톤(Skelton) 군사교육평가위원회(Congressman Skelton's panel)'처럼 국회 차원에서 '군사교육 특별위원회'를 구성하여 일대 개혁을 추진해야 한다. **국방개혁은 합동성의 방향을 바로잡는 데서 출발해야 하며, 합동성을 강화하기 위해서는 무엇보다 합동전문인력 육성정책부터 혁신해야** 한다. **여기에 합동성의 미래와 대한민국 국방의 미래가 달려있다.**

제7장

결론

현대전에서 '합동성'은 대단히 중요하다. 미국과 영국 등 많은 군사 강국들은 합동성을 강화하기 위해 일찍부터 많은 노력을 기울여왔으며, 합동성과 전문성을 갖춘 합동전문인력을 육성하는 데 국가적 차원에서 지대한 관심을 경주하며 발전시켜왔다. 대한민국도 1963년 '합동참모대학'을 설립한 이래 전문 교육과정의 내실화는 물론, 2006년 「국방개혁법」을 제정하여 '합동직위', '합동자격' 등 합동전문인력에 대한 인사관리를 법제화하고, 2011년 '합동군사대학교'를 창설하는 등 합동전문인력 육성에 많은 노력을 기울여왔다. 그러나 합동군사대학교 개편을 비롯하여 관련 정책은 계속 표류하고 있다.

그렇다면 **대한민국과 한국군은 과연 합동전문인력 육성이라는 정책목표를 효과적으로 달성하고 있는가?** 만일 정책효과가 저조하다면 어디에 문제가 있으며 그 이유는 무엇인가? 이러한 문제인식에서 출발하여 **연구목적을 한국군의 합동전문인력 육성정책 효과를 분석하고 저조요인을 규명하여 개선방향을 모색**하는 데 두었다. 연구 결과를 정리하면 다음과 같다.

1. 미국과 영국은 모두 합동성과 합동전문인력 육성에 국가적 차원에서 지대한 관심과 노력을 경주해왔다. 나라별 역사와 환경의 차이로 나름의 독특한 군 지휘구조를 발전시켜왔으며, 이와 연계하여 합동전문인력 육성정책을 발전시켜왔다. 미국과 영국은 군사교육을 계급, 병과, 주특기 등 직무를 수행하는 데 필요한 전문성과 지식을 갖추기 위한 '전문교육(Professional Military Education)'으로 인정하고 있었으며, 전문성의 정도에 따라 초급, 중급, 고급, 장성급 등으로 수준을 구분하고 있었다. 그리고 두 나라 모두 고급수준의 합동전문인력을 육성하기 위해 영관장교 중 우수인원을 선발하여 1년간 고급수준의 전문교육과정을

내실 있게 운영하고 있었다. **졸업자에 대한 인사관리도 두 나라 모두 '선교육 후보직' 원칙하에 합동전문교육과정 졸업인원을 100% 합동직위에 보직하고, 대령 진급은 물론 지속적으로 활용되도록 국가적 차원에서 관리함으로써 정책의 효과**를 거두고 있었다.

2. 한국군 합동군사대학교 합동고급과정이 합동전문인력 육성을 위한 전문교육과정으로서 적합성 여부를 평가하기 위해 역사적 고찰과 미국·영국과의 비교에 이어 전문가 집단의 인식을 조사·분석했다. 그 결과, 대한민국의 합동전문인력 육성을 위해 역대 정부가 관심 분야와 정도의 차이는 있었지만 60여 년 전부터 국가적 차원에서 많은 관심을 기울여왔으며, 합동전문인력을 육성하는 고급수준의 전문교육기관으로 지속 발전해왔음을 알 수 있었다. 또한 **합동고급과정은 미국·영국과 비교해도 교육기관 설립목적, 교육목표, 교육기간, 교육대상, 교육중점, 교육내용, 교육방법 등 합동전문인력을 육성하기 위한 전문교육과정으로서 손색이 없음을 확인**할 수 있었다. 그리고 이러한 시스템에 대한 평가 외에도 교육효과 등 질적인 평가를 위해 실제 교육을 담당하는 합참대학의 교수요원과 합동고급과정 재학생 및 졸업생을 318명을 대상으로 합동고급과정이 합동전문인력 육성을 위한 **전문교육과정으로서 적합한지에 대해 설문조사한 결과, 93%가 적합**한 것으로 나타났다. **이를 통해 합동고급과정이 합동전문인력 육성을 위한 전문교육과정으로서 교육효과 면에서도 충분히 적합함을 재확인**할 수 있었다.

3. 합동고급과정이 전문교육과정으로서 충분히 적합함에도 불구하고 합동전문인력육성 정책의 효과는 매우 저조했다. 합동전문자격을 보유한 인원의 **합동직위 보직률이 34.8%**, 합동고급과정 졸업생의 **합동부서 보직률은 13.04%**로서 **극히 낮은 수준**이었으며, 합동고급과정 졸업생의 **진급률도 대령 진급률은 31.6%, 장군 진급률은 3%로서 각**

군의 평균 진급률보다 높지 않은 수준이었다. 대한민국 역대 정부가 합동전문인력을 체계적으로 육성하기 위해 「국방개혁법」을 제정하고, 국방 교육 및 인사관리 정책을 통해 여러 제도를 만들어 지속 보완해왔으며, 매년 전문교육과정을 운영하는 등 많은 예산과 노력을 투입해왔음에도 정책효과가 매우 저조한 것으로 분석되었다.

4. 합동전문인력 육성정책의 효과저조 요인을 분석한 결과, 합동전문인력 육성에 대한 '국방인사관리 정책의 불합리', '합동전문인력 육성에 대한 국방 교육정책의 무관심', '교육과 인사관리의 비연계성(decoupling)', 그리고 그 이면에 있는 '합동성에 대한 정치 논리와 자군중심주의'가 근본 원인이었음을 식별했다.

(1) 먼저 관련 국방인사관리 정책에 다음과 같은 문제가 있었다.

첫째, 국방인사관리 정책의 '합동전문자격제도'가 매우 불합리하다. 합동전문자격제도는 「국방개혁법 시행령」 제10조에 따라 합동성과 전문성 요건을 갖춘 장교에게 자격을 부여하여 합동직위에 활용하기 위한 제도인데, ① **합동고급과정을 졸업해도 무조건 합동직위에 근무한 다음에야 합동자격을 부여받을 수 있다는 조항이 문제**였다. 합동전문교육과정을 나오지 않아도 누구나 합동직위에 1년 6개월만 근무하면 합동전문자격을 부여받을 수 있는데, 합동부서 근무를 희망하는 중령 입장에서는 굳이 합동고급과정에 지원할 이유가 별로 없다. ② **또한 합동전문자격자에 대한 진급관리상 유리한 점이 거의 없었고,** ③ **연합·합동전문자격 제도와의 형평성에도 문제**가 있었다.

둘째, 합동전문인력에 대한 인사관리가 불공정하다. 합동전문자격을 부여받아 국방부에서 규정한 합동전문인력이 되어도 국방전문인력과 같은 선발-교육-보직부여-경력관리-적정 진급률 보장 등의 인사관리를 받을 수 없다. **그 이유는 국방전문인력의 분류기준이 불합리하기 때문**이다. **즉, 국방전문인력의 범주에 합동전문인력을 포함하고 있지 않고 있기 때문**이다. 합동전문인력은 「국방개혁법」 제19조, 「국방 전문인력 육성 및 관리지침」 등에 명시된 대로 '군 전문인력'의 개념에 포함되는 것이 마땅하다. 그래서 「국방 인사관리 훈령」에도 합동전문인력을 제3장 '전문인력 인사관리'에 포함하고 있다. 그러면서도 "군 전문인력을 주간 위탁교육으로 석사 이상의 학위과정을 이수했거나, 국방부 장관 또는 각 군 참모총장으로부터 '국방전문인력'으로 임명된 사람"으로 범위를 엄격히 한정하고 이 범위에 합동전문인력을 포함하지 않고 있었다.

셋째, 합동고급과정의 입교대상 계급이 인사운영 현실을 고려하지 않고 대단히 비효율적으로 설정되어 있다. 합동고급과정의 입교대상 계급은 '육·해·공군 중령' 계급이며, 학생정원은 120명으로서 「국방 인사관리 훈령」에 의거 합동전문자격 보유자, 연합·합동전문(예비)인력, 합동직위 및 연합·합동직위 근무경험자 중 우수자를 우선적으로 추천하고 선발하도록 되어있다. 그러나 **현실은 중령 계급의 지원율 자체가 낮고, 합동전문자격보유자나 연합·합동전문(예비)인력이 지원하는 경우도 거의 없었다.** 더욱이 입교 전 합동직위 및 연합·합동직위에 근무했던 유경험자도 평균 8.96%로서 매우 낮은 수준이었으며, 무엇보다 중령 : 중령(진) 평균 구성 비율이 34.18 : 65.82%로서 중령은 1/3에 불과했고 대부분은 중령(진)이었다.

우수자의 지원율이 낮은 이유는 인사관리상 유리한 점이 거의 없기 때문이고, 중령의 지원율이 낮은 이유는 인사운영의 현실을 고려하지 못했기 때문이다. 즉, 대부분의 중령은 대령으로 진급하는 데 필요한 최저복무기간이 4년이기 때문에 필수보직인 2년간의 대대장 직책을 마치면 핵심 보직에 곧바로 보직되는 것을 선호하지, 인사관리상 특별한 유리점이 없는 합동고급과정 입교를 선호하지 않기 때문이다.

(2) 합동전문인력 육성정책 효과가 저조한 두 번째 요인은 국방 교육정책 면에서 큰 틀에서 국방정책 방향을 설정하고 인사관리 등 관련 정책들을 조율해야 할 국방 교육정책에 문제가 있기 때문이다. 합동전문인력 육성에 대해 무관심하다 보니 『국방 기본정책서』는 물론이고 『국방 교육훈련 정책서』, 「국방 교육훈련 훈령」에 관련 내용이 누락됨은 물론, 부실하게 작성되거나 연계성도 없었으며, 특히 정부 출범마다 개정되어야 할 핵심 정책서가 10년 이상 방치되고 있었다.

(3) 합동전문인력 육성정책 효과가 저조한 세 번째 요인은 교육과 인사관리 정책의 비연계성(decoupling) **문제다. 합동전문인력 육성정책을 구체화하는 「국방 인사관리 훈령」과 「국방 교육훈련 훈령」이 연계되지 않고 따로 놀고 있었다. 그리고 그 이면에는 국방 조직상 교육정책 주무부서의 이원화로 인한 책임의 모호성 문제**가 자리 잡고 있었다. 국방 교육정책 주무부서는 제반 교육정책의 목표달성을 위해 관련 정책수단을 관리하는 유관부서와 함께 정책효과를 평가하고 미비점을 개선하기 위해 노력해야 하는데, 문재인 정부가 2018년부터 교육훈련정책관실을 폐지하면서 교육정책에 대한 업무가 정책기획관실과 인사기획관실의 두 부서 모두의 업무로 중첩되어 오히려 결과는 정반대로 나타났다. 즉, 책임의 모호성으로 합동전문인력 육성을 위한 교육정책에 대해 두 부서 모두 무관심하게 되는 결과를 초래했다.

(4) 그리고 이렇게 교육정책과 인사정책이 연계되지 못하고 표류하고 있는 데는 근본적으로 정부의 합동성에 대한 정치적 접근과 자군중심주의가 자리 잡고 있었다. 국방부를 구성하는 육·해·공군과 해병대, 국방부 공무원과 군무원의 합동성에 대한 인식이 군별로 다르고 각

자마다 다르다. 이렇게 인식이 다양하고 모호한 근본 이유는 노무현 정부에서 규정한 합동성의 개념구조에 문제가 있기 때문이다. **「국방개혁법」 제3조 6항에 정의한 합동성의 개념은 ① 적 위협 특성, 작전지역의 특성, 동맹의 군사력 특성 등 종합적인 작전환경을 고려하지 않고 과학기술전만 부각했고, ② 미국, 영국 등이 보편적으로 사용하는 용병의 개념이 아닌 양병의 개념을 반영했으며, ③ 군사적 관점보다는 '3군 균형발전'이라는 정치적 관점에서 규정된 정의이기 때문**이다. 그 결과 오히려 합동성은 약화되고 자군 중심주의는 심화되었다. **'3군 균형발전' 자체가 잘못되었다는 것이 아니라 "합동성 = 3군 균형발전"이라는 개념구조가 문제**였다. 이명박 정부 시절 영국군처럼 각 군 참모총장에게 평시 군령권을 부여하고 군령 부분에 대해서는 합참의장의 지휘를 받도록 하자는 김관진 국방부 장관의 국방개혁안의 이유도 합동성 강화였는데, 아이러니하게도 이를 반대했던 해·공군 예비역 장성과 당시 야당의 논리도 합동성 강화였다. 잘못된 개념 정의가 얼마나 폐해가 큰지를 잘 보여주는 사례다.

합동성에 대한 정부의 개념 정의가 잘못되다 보니 합동교육과 합동전문인력 육성에 대해서도 말로는 누구나 그 중요성에 대해 동의하지만 실제로는 자군 중심주의에서 바라보고 평가하고 있다. 그러다 보니 국방부는 물론이고 합동군사교육체계 발전, 합동교육 지도·감독 등 권한과 책임이 있는 합참마저 무관심하다. 그 이유는 사람이 자주 바뀌고 청와대의 관심 이슈나 현행작전에 매몰되는 것도 문제지만, 근본적으로 합참에 파견된 각 군 파견 장교 및 장성들이 지휘계통상의 타군 직속상관이나 타군의 합참의장보다 자신의 진급 등 인사권을 갖는 각 군 참모총장에 더 주목할 수밖에 없는 시스템이 더 문제다.

5. 따라서 합동전문인력 육성정책의 효과를 제고하기 위한 정책방안은 첫째, 합동전문자격제도를 합리적으로 개선해야 한다. **즉, 합동고급과정 졸업자에 대해서는 졸업과 동시에 합동전문자격을 부여해야** 한다. **그리하여 졸업과 동시에 합동직위에 100% 보직하여 활용해야** 한다. 이렇게 되면 합동전문자격의 위상도 향상되고 합동직위에 합동전문자격 보유자의 보직률도 대폭 향상됨으로써 합동전문인력 육성정책의 효과를 확실하게 개선할 수 있다.

둘째, 입교대상 계급을 현재의 중령에서 소령~중령으로 융통성 있게 적용하는 것이 여러모로 합리적이다. 왜냐하면 ① 합동전문가를 조기에 육성·활용할 수 있다. 현재 전체 합동직위 771개 가운데 소령직위가 208개나 되기 때문에 1년간의 전문교육 후 합동직위에 보직하면 '선교육 후보직'의 원칙에도 부합하고 전문인력의 지속 활용성도 제고되는 등 **정책효과가 대폭 향상될 것**이다. ② 소령의 진급 최저 복무기간이 5년으로 중령의 4년보다 길고, 필수직위 기간도 짧아 **중령보다 교육여건이 좋다.** 또한 소령~중령으로 융통성을 부여하면 각 군별 인사운영을 고려하여 **탄력적으로 적용할 수 있다.** ③ **우수 인재육성을 위한 교육시스템 보완 측면에서도 더욱 효과적**이다. 미국, 프랑스처럼 한국군도 소령 때 **합동기본과정을 마친 인원 중 우수자를 선발하여 2년 차에 합동고급과정에 입교시키면 교육의 연속성이나 전문성 심화 측면에서 훨씬 효과적**이다. 그리고 졸업 시에는 군사학 석사학위를 수여할 수 있도록 해야 한다.

셋째, 합동전문인력에 대한 인사관리가 합리적으로 개선되어야 한다. **즉, 현재의 불합리한 국방전문인력 분류기준을 보완하여 합동전문인력도 국방전문인력으로 인정해야** 한다. 그래서 국방전문인력의 인사관리와 같이 전문교육과정인 합동고급과정을 교육받고 배출된 인원은 졸업과 동시에 합동전문자격을 부여하고 합동직위에 보직해야 한다. 국방전문인력과 같이 전문성과 지속 활용성을 고려하여 합동전문인력 경력관리모델을 적용해야 한다. 대부분이 전투병과인 점을 고려하여 진급도 우대해야 한다.

넷째, 합동교육정책을 개선하고 합참의 역할을 강화해야 한다. 합동교육 문제는 민감하고 각 군 중심주의에서 보면 별로 달갑지 않다. 그럴수록 국방정책실에서 합동전문인력 육성정책의 방향을 명확하게 설정해주어야 한다. 각종 정책문서를 재검토하여 누락되거나 연계되지 않은 부분부터 보완해야 한다. 또한 교육정책관실을 복원하여 교육과 인사관리가 잘 연계되도록 조정·통제해주어야 한다. **합동교육에 있어 가장 중요한 것은 유능한 합동형 장교를 육성하는 것이며, 합동군사대학교 합동고급과정 교육의 핵심은 "균형 잡힌 합동성 개념으로 무장한 합동기획 전문가를 육성하는 것"이어야** 한다. 합동교육체계를 발전시킴에 있어 모든 계급의 양성 및 보수교육 과정별 합동교육을 강화하는 것은 재검토해야 한다. 교육과목과 교육시간이 늘리는 것이 중요한 게 아니라 각 군을 정확하게 이해하고 자군 중심주의에서 탈피하여 국익과 국방, 합동군의 관점에서 사고하고 행동하도록 하는 것이 더 중요하다. 또한 **합동군사교육을 강화하기 위해 합동고급과정을 필수과정화하는 것도 재검토되어야** 한다. 합참은 합동교육에 관심을 배가해야 하며, 이를 위해 합참의장에게 합동군사교육에 관한 정책 수립과 합동전문인력에 대한 인사관리 등 더욱 강력한 권한을 부여해야 한다.

다섯째, 정치 논리에 의해 왜곡 정의된 합동성 개념을 바로잡고 합리적인 국방개혁을 추진해야 한다. 이를 위해 최우선적으로 **「국방개혁법」을 개정해야** 한다. 2006년 제정 당시의 상황과 현재와 미래의 상황은 너무 많이 변화했다. 기본이념부터 재설정해야 한다. 과거에는 '국방정책을 추진함에 있어서 문민기반의 확대'와 '3군 균형발전'이 핵심이었다면, **이제는 '북핵 위협의 현실화'와 '4차 산업혁명', '합동성의 강화'가 핵심이어야 한다. 특히 합동성의 개념을 바로잡아야** 한다. **정치논리를 배제하고 순수하게 군사적인 관점에서 재정의해야** 한다. 기존의 "합동성 = 3군 균형발전"이라는 잘못된 논리구조가 아니라 **"합동성이란 육·해·공군 등 제반 요소를 효율적으로 통합 운용하여 시너지 효과를 극대화하는 것"으로 재정의하는 것이 바람직**하다. 본래의 의미에 충실하게 양병의 개념은 배제하고 용병의 개념으로만 한정하는 것이 타당하다. '합동성'이라는 의미 자체가 '3군 균형발전'이 아니라 "합동성 강화를 위해 3군 균형발전이 중요하다"는 논리구조가 되어야 한다. **또한 미군 교리와의 연계성은 물론, 전작권 전환 대비 연합작전 교리발전 측면에서도 '합동', '합동작전', '합동성'의 범주를 육·해·공군력으로 한정하지 말고 동맹군, 사이버, 국가기관, 민간요소 등 제반 전력과 요소를 모두 포함해야** 한다.

또한 잘못된 합동성 개념 인식에 기반한 합동군사대학교 개편 발상도 전면 재검토해야 한다. 문재인 정부 초대 국방부 장관의 "합동성은 각 군이 잘할 수 있도록 하는 것이므로 합동군사대학교를 해체하고 각 군 대학을 각 군 본부로 보내는 것이 오히려 합동성을 강화하는 것"이라든지, 국방부가 제시한 "직할부대의 숫자를 줄여 장관의 지휘 폭을 축소(하여 지휘 부담을 경감)하기 위함"이라든지, "각 군 본부의 군정권을 강화하기 위함"이라는 것은 설득력이 부족하다. 적어도 지난 10여 년의 합동군사대학교 운영의 성과를 분석하고 무엇이 문제인지, 도출된 정책 문제의 타당성을 따져보고 전체적인 정책효과를 객관적으로 평가해본 다음 개선방안을 도출하는 것이 순리다. **이러한 검토 없이 합법적인 절차도 무시하고 졸속으로 처리할 문제가 아니다.** 한국군의 합동성과 미래가 걸린 대단히 상징적이고 중요한 문제다.

2011년 합동군사대학교를 창설한 취지는 기존의 각 군 대학 중심의 교육의 병폐, 즉 자군의 입장과 자군의 전력 증강 필요성을 교육하고 은연중에 자군 중심주의에 빠지게 하는 병폐를 차단하기 위해 영국군처럼 국방부 장관 직속의 '합동군사대학교'라는 합동부대로서 육·해·공군 출신의 교관·교수 등 교직원부터 타군을 이해하고 합동성의 균형 잡힌 시각을 갖고 합동의 문화를 형성하기 위함이었다. **마치 과거 보수정권 10년의 적폐를 청산하듯 합동성의 상징인 합동군사대학교를 개편하여 10년 전으로 회귀하는 것은 명백한 합동성의 후퇴**다. 개편 후에 합동교육을 기존과 같이 유지한다 해도 자군 중심주의는 더욱 심화될 것이며, 언젠가 역사의 심판을 받을 것이다.

합동군사대학교 개편으로 많은 예산과 노력의 낭비, 제도 정착에 이르기까지의 시행착오를 반복하기보다는 **역사가 요구하는 교육개혁의 방향이 무엇인지부터 잘 살펴야 할 것**이다. 오히려 「국방개혁법」에 의거하여 20년 가까이 추진해온 합동전문인력 육성정책이 왜 아직도 자리 잡지 못하고 정책효과가 그렇게 저조한 것인지, 이 근본 문제를 해결하기 위해 국방 교육정책과 인사관리 정책을 어떻게 보완할 것인지, 그리고 영관장교 교육을 어떻게 하면 더 내실 있게 할 것인지가 더 본질적으로 중요한 교육 분야의 국방개혁과제다. **특히 "영관장교 교육의 질을 높이기 위한 우수 교관·교수 확보 문제"는 시급하고 중요한 개혁과제**다. 세계 최강의 군사력을 자랑하는 미군의 중심에는 우수한 장교, 특히 합동성으로 무장한 유능한 영관장교 집단이 있다. 이것은 미국이 오래전부터 합동군사전문교육에 국가적 역량을 집중하고, 우수 교수진 확보에 지대한 관심을 경주한 결과다. 미군은 실전을 경험한 최우수 장교와 전쟁경험이 풍부하거나 지략이 출중한 예비역 장교 및 장성, 민간학자 중 훌륭한 역사 및 군사 전문가를 군 교수로 채용하는 데 심혈을 기울이고 있다. 한국군도 가장 개념 있고 열정과 합동성을 갖춘 우수자원을 선발하여 교관·교수로 임명해야 한다. **이를 위해서는 기존의 학교기관 관리자와 교관·교수의 선발 기준과 시스템을 혁신해야** 한다. 국방부가 스스로 혁신할 수 없다면 국회 차원에서 '군사교육특별위원회'를 구성하여 일대 교육개혁을 추진해야 한다. 국가적 차원의 특단의 대책이 필요하다.

합동성의 중요성과 효과는 평시에는 외부로 잘 드러나지 않는다. 하지만 전쟁이나 실제 작전상황이 발생했을 때 여실히 드러난다. 실제 작전상황이 발생했을 때 과거와 같은 시행착오를 반복하지 않도록 합동성과 합동전문인력 육성에 대한 국가적 차원의 관심과 혁신이 절실히 요구된다.

아울러 정부는 "국민의 자부심과 인기를 고려한 포퓰리즘적·정치적인 국방개혁"이 아닌 "전쟁을 억제하고 전쟁에서 반드시 승리하기 위한, 본질에 충실한 국방개혁"을 추진해주기를 바란다. 저자는 결코 3군 균형발전을 반대하는 것이 아니다. 3군 균형발전이 모든 국방정책 결정의 제1원칙으로 작동하는 논리구조가 잘못되었다는 것이다. 특히 전력증강 같은 중요 국방정책 결정은 포퓰리즘과 정치 논리를 배제하고 오로지 국가이익과 합리적인 고려사항에 기초해야 할 것이다. 즉, ① 군사 및 비군사 위협을 포함한 현존 및 미래 위협 고려 시 무엇이 우선순위가 높은지, ② 우리의 현 능력 대비 무엇이 우선순위가 높은지, ③ 비용 대 효과, ④ 외교 또는 동맹의 군사력으로 어느 정도 대체 및 보완 가능한지, ⑤ 방위산업 육성 및 자주국방 기여도 등을 종합적으로 고려

하여 객관적이고 합리적인 분석평가에 기초해야 할 것이다.[1]

끝으로 부족하나마 이 책을 통해 지난 70여 년간 간과해온 문제에 대해 국민과 정부가 관심을 갖는 계기가 되길 바란다. 그리하여 표류하는 합동성의 방향을 바로잡고, **국방개혁의 방향을 바로잡기를 바란다. 합동전문인력 육성정책을 혁신하여 대한민국 국군의 합동성과 국방력이 더욱 강화되기를 기대**한다.

합동전문인력 육성정책 혁신에 합동성의 미래와 대한민국 국방의 미래가 달려있다.

---

1 조한규, "포괄적 안보에 대한 올바른 이해와 접근", 『국방일보(2021. 4. 13)』 https://kookbang.dema.mil.kr/newsWeb/20210414/1/BBSMSTR_000000010053/view.do(검색일: 2021. 12. 13)

참고문헌

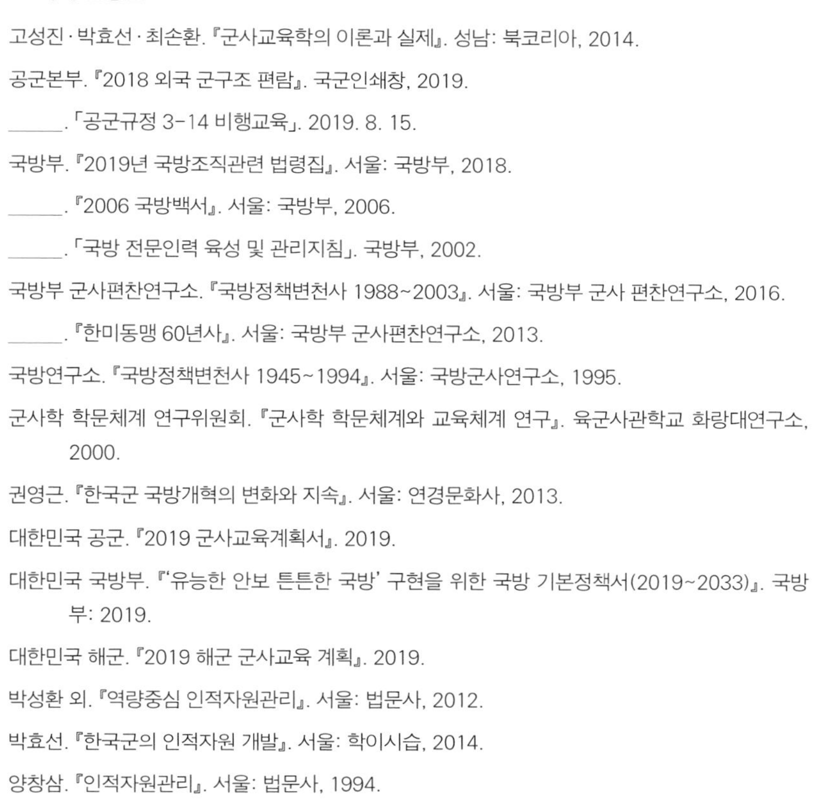

1. 국내 단행본

고성진·박효선·최손환. 『군사교육학의 이론과 실제』. 성남: 북코리아, 2014.

공군본부. 『2018 외국 군구조 편람』. 국군인쇄창, 2019.

______. 「공군규정 3-14 비행교육」. 2019. 8. 15.

국방부. 『2019년 국방조직관련 법령집』. 서울: 국방부, 2018.

______. 『2006 국방백서』. 서울: 국방부, 2006.

______. 「국방 전문인력 육성 및 관리지침」. 국방부, 2002.

국방부 군사편찬연구소. 『국방정책변천사 1988~2003』. 서울: 국방부 군사 편찬연구소, 2016.

______. 『한미동맹 60년사』. 서울: 국방부 군사편찬연구소, 2013.

국방연구소. 『국방정책변천사 1945~1994』. 서울: 국방군사연구소, 1995.

군사학 학문체계 연구위원회. 『군사학 학문체계와 교육체계 연구』. 육군사관학교 화랑대연구소, 2000.

권영근. 『한국군 국방개혁의 변화와 지속』. 서울: 연경문화사, 2013.

대한민국 공군. 『2019 군사교육계획서』. 2019.

대한민국 국방부. 『'유능한 안보 튼튼한 국방' 구현을 위한 국방 기본정책서(2019~2033)』. 국방부: 2019.

대한민국 해군. 『2019 해군 군사교육 계획』. 2019.

박성환 외. 『역량중심 인적자원관리』. 서울: 법문사, 2012.

박효선. 『한국군의 인적자원 개발』. 서울: 학이시습, 2014.

양창삼. 『인적자원관리』. 서울: 법문사, 1994.

육군본부. 『야교 운용-6-21: 인사업무』. 육군본부, 2016.

______.「육규1-2: 인사규정」. 서울: 육군본부, 1982.

______.「육규116: 인재개발규정」. 육군본부, 2018. 7. 16.

______.『학교교육지시』. 2019. 1. 2.

정정길 · 최종원 · 이시원 · 정준금 · 정광호.『정책학원론』. 서울: 대명출판사, 2014.

최규린 · 조용개 · 정병삼.『군 교육훈련 관리자를 위한 교수/학습의 이해』. 서울: 양서각, 2013.

합동군사대학교.『비판적 사고함양 위한 효율적인 실습 및 토의 방향』. 2019. 3. 19.

______.「합동군사대학교 학칙」. 2012. 4. 25.

______.『2019년도 대학교 교육계획』. 2019. 2. 22.

______.『'20년 평가지침서』. 2020. 1. 20.

______.『2020년도 대학교 교육계획』. 2019. 12. 24.

합동군사대학교 도서관.『JFMU 합동군사대학교 추천도서 100선』. 대전: 합동군사대학교, 2019.

합동참모대학.『합동교육계획』. 논산: 합동참모대학, 2019.

______.『'20년도 합동고급과정 독서과제 목록』. 논산: 합동참모대학, 2019.

______.『2020년도 기본교육계획』. 2020. 1. 7.

합동참모본부.『합동교범 0: 군사기본교리』. 합동참모본부, 2014.

______.『합동 · 연합작전 군사용어사전』. 서울: 합동참모본부, 2014.

______.『2012~2026년 합동개념서』. 서울: 합동참모본부, 2010.

______.『2021~2028 미래 합동작전기본개념서』. 서울: 합동참모본부, 2014.

2. 국내 논문

강용관.『전문직업적 정체성을 매개로 육군 전문인력의 조직몰입에 영향을 미치는 요인에 관한 연구』. 서울대학교 박사학위논문, 2013.

구용회.『한국군 인사관리제도의 변천과정에 관한 연구』. 목원대학교 박사학위논문, 2014.

국방대학교 산학협력단.「각 군 생애주기별 군사교육과 연계한 합동교육체계 평가 연구」. 2017. 3. 16.

권태영.「미국의 21세기 군사혁신(RMA/MTR) 추세」.『주간국방논단』649. 서울: 한국국방연구원, 1996.

권혁철 외.「합동참모대학 교육과정의 역사적 분석과 미래교육과정 발전방안」.『합동군사교육발전연구과제』. 서울: 국방대 합동참모대학, 2010.

김군기.『군 고급간부 학교교육의 유효성 분석 및 과정설계에 관한 실증연구』. 대전대학교 박사학위논문, 2016.

김열수.「상부지휘구조 개편 비판논리에 대한 고찰」.『국방 정책연구』 92. 서울: 한국국방연구원, 2011.

김영래.『한국군의 합동성 강화를 위한 합동군사교육체계 발전방안에 관한 연구』. 목원대학교 박사학위논문, 2014.

김원대.『창군기 한국군 교육훈련 구조 형성에 관한 연구』. 중앙대학교 박사학위논문, 2010.

김인국.「미래 국방 환경에 부합된 국방 교육훈련 발전방향 연구」. 서울: 한국국방연구원, 2007.

______.『육군 영관장교 교육과정 내용선정 및 타당화에 관한 연구』. 연 세대학교 박사학위논문, 2006.

______.「합동성 제고를 위한 국방교육체계 발전방향 연구」.『국방대학교 합동참모대학 연구보고서』. 서울: 국방대학교, 2003.

김인태.『한국군의 합동성 강화 방안 연구』. 경기대학교 박사학위논문, 2011.

김종하·김재엽.「복합적 군사위협에 대응하기 위한 군사력 건설의 방향」.『국방연구』 53(2), 2010.

______.「합동성에 입각한 한국군 전력증강 방향: 전문화와 시너지즘 시각의 대비를 중심 으로」.『국방연구』 54(3), 2011.

김태효.「국방개혁 307계획: 지향점과 도전요인」.『한국정치외교사논총』 34(2), 2013.

김효중·박휘락·이윤규.「합동성 강화를 위한 합동전문자격제도 발전방향」.『2008년 국방정책 연구보고서 08-04』. 서울: 한국전략문제연구소, 2008.

노명화.「각 군 생애주기별 군사교육과 연계한 합동교육체계 평가 연구」.『합동군사대학교 연구보고서』. 논산: 국방대학교, 2018.

문광건.「미군의 합동작전과 합동성의 본질: 합동성의 본질과 군사개혁방향」.『군사논단』 47. 서울: 한국군사학회, 2006.

______.「이라크전쟁에서 구현된 미군의 합동성」.『국방정책연구』 60. 서울: 한국국방연구원, 20 03.

______.「합동성 이론과 실제」.『국방정책연구』 54. 서울: 한국국방연구원, 2001.

문승하.「합동성 강화를 위한 합동군사교육체계 발전방향」.『2012 합동성 강화 대토론회』. 서울: 합동참모보부, 2012.

문승하 외.「우리군의 합동성진단 및 합동성강화 발전방안」.『합동참모본부 정책연구보고서』. 한국국가전략연구원, 2016.

박효선.『한국군의 평생교육 변천과정에 관한 평가분석 연구』. 중앙대학교 박사학위논문, 2008.

배태형.「영국 합참대 군사교육체계」.『2018 교육발전 세미나 자료』. 합동군사대학교, 2018.

성형권.『초급장교 양성교육제도의 효율적 운영에 관한 연구』. 충남대학교 박사학위논문, 2018.

윤광웅.「국방조직현황과 발전방향」.『한국의 국방조직 발전방향』. 서울: 한국군사학회, 2000.

이용경.「선진우방국 지휘참모대학 교육소개」.『군사평론』 454. 합동군사대학교, 2018.

전광호.「외국군 사례를 통한 합동군사교육체계 발전방안」.『2014 합동성 강화 세미나』. 대전: 합동군사대학교, 2014.

정영식.『국방조직 인력의 효율적 관리에 관한 연구』. 전북대학교 박사학위논문, 2004.

조한규.「4차 산업혁명시대 군사혁신을 주도할 영관장교 교육방향」.『군사평론』 461. 대전: 합동군사대학교, 2019.

채성기.『군사대학 교수자의 교수역량 진단도구 개발 및 요구도 분석』. 대전대학교 박사학위논문, 2017.

최병욱.『군 교육훈련 체제의 모형에 관한 탐색적 연구』. 서울대학교 박사학위논문, 2002.

하정열.「미래전에 대비한 '합동성 강화' 추진」.『군사평론』 389. 대전: 육군대학, 2007.

한국국가전략연구원.「우리 군의 합동성 진단 및 합동성 강화 발전방안」.『합동참모본부 정책연구보고서』. 서울: 한국국가전략연구원, 2016.

한상용 등.「연합/합동성 강화를 위한 인사관리 방안」.『2015년 합동참모본부 정책연구보고서』. 서울: 한국군사문제연구원, 2015.

합동군사대학교.「우방국 합동교육부대 방문 귀국보고서」. 합동군사대학교, 2017.

합동참모대학.「합동군사교육 및 인사제도 발전방향」.『합동성강화 대토론회』. 합동참모본부, 2010. 3. 26.

합동참모본부.「합참 · 육 · 해 · 공군 합동토의」. 합동참모본부, 2009.

홍규덕.「국방개혁추진, 이대로 좋은가?」.『전략연구』 68. 서울: 한국전략문제연구소, 2016.

황선남.「육 · 해 · 공군의 합동성 강화를 위한 '통합' 개념의 발전적 논의에 관한 연구」.『사회과학연구』 24. 대전: 한남대학교 사회과학연구소, 2015.

3. 국내 법률 및 국방부 훈령

「국방개혁에 관한 법률」(시행 2007.3.29. 법률 제8097호)

_____(시행 2017. 6. 22. 법률 제14609호)

「국방개혁에 관한 법률 시행령」(시행 2017. 12. 21. 대통령령 제28475호)

「국방 교육훈련 훈령」(시행 2008. 11. 4. 국방부 훈령 제984호)

_____(시행 2019. 4. 5. 국방부 훈령 제2270호)

「국방대학교 설치법」(시행 2017. 6. 22. 법률 제14609호)

「국방부와 그 소속기관 직제」(시행 2018. 1. 2. 대통령령 제28574호)

「국방 인사관리 훈령」(제정 2008. 6. 25. 국방부 훈령 제943호)

______(시행 2019. 5. 27. 국방부 훈령 제2279호)

「국방참모대학설치령」(시행 1990. 10. 10. 대통령령 제13116호)

「군인사법」(시행 2020. 8. 5. 법률 제16928호)

「군인사법 시행령」(시행 1962. 2. 6. 각령 제426호)

「합동군사대학교령」(시행 2016. 1. 1. 대통령령 제26771호)

「합동군사대학교 조직 및 운영에 관한 훈령」(시행 2016. 1. 18. 국방부 훈령 제1871호)

「합동참모대학설치법」(시행 1963. 4. 18. 법률 제1330호)

4. 국내 기타 자료

곽근호. "영국 합동 지휘참모대 교육결과". 합동군사대학교, 2012.

국방교육정책관실. "공무출장 귀국보고서(선진국 국방교육훈련제도 및 동향 연구)". 국방부, 2010.

국방부. "문재인 정부의「국방개혁2.0」평화와 번영의 대한민국을 책임지는 '강한 군대', '책임 국방' 구현". 국방부 보도자료, 2018. 7. 26.

______. "국직부대 개편방향 통보". 2019. 8. 20.

국방부 교육훈련정책과. "합동·연합작전교육체계 구축방안 관련 추가검토결과". 국방정책실, 2019. 8. 14.

국방부 인사기획관리과. "합동전문자격 부여 기준 지침 시달". 국방부, 2018. 8. 27.

국방부 정책기획관실. "합동·연합작전 교육체계 구축방안". 『19-4회 정책회의』. 2019. 7. 25.

육사 행정부. "'17년 3군 사관학교 통합교육 계획". 2016. 12. 28.

이영재. "브룩스 사령관 '北위협 대응해 육·해·공군 합동성 강화해야'". 한국경제신문, 2016. 6. 16.

조한규. "포괄적 안보에 대한 올바른 이해와 접근". 국방일보, 2021. 4. 13.

합동군사대학교. "합동고급과정 입교대상 및 졸업 후 보직분석(결과)". 합동대, 2019. 7. 25.

______. "합동전문인력 육성 관련 설문조사". 2019. 8.

합동참모본부 인사관리 및 지원과. "합동 및 연합·합동직위 보직현황". 합동참모본부, 2019. 10. 8.

5. 국내 인터넷 검색자료

국방일보(2020. 2. 22) http://kookbang.dema.mil.kr/newsWeb/20160623/39/BBSMSTR_000000010026/view.do(검색일: 2020. 2. 22)

월간조선(2018. 12) http://monthly.chosun.com/client/news/viw.asp?ctcd=E&nNewsNumb=201812100029(검색일: 2020. 5. 28)

국방대학교 https://www.kndu.ac.kr/ibuilder.do?menu_idx=43(검색일: 2020. 2. 3)

국방대학교 안전보장대학원 https://www.kndu.ac.kr/ibuilder.do?menu_idx=43(검색일: 2020. 2. 3)

한국민족문화대백과사전 https://encykorea.aks.ac.kr/Contents/Item/E0006634(검색일: 2020. 2. 22)

한겨레신문(2011. 11. 29) http://www.hani.co.kr/arti/opinion/argument/507743.html(검색일: 2010. 3. 20)

위키백과 https://ko.wikipedia.org/wiki/%EA%B7%B8%EB%A0%88%EB%82%98%EB%8B%A4_%EC%B9%A8%EA%B3%B5(검색일: 2019. 8. 15)

2018 국방백서 http://www.mnd.go.kr/user/mnd/upload/pblictn/PBLICTNEBOOK_201901151237390990.pdf(검색일: 2020. 2. 28)

위키백과 https://ko.wikipedia.org/wiki/%EB%AF%B8%EA%B5%AD-%EC%98%81%EA%B5%AD_%EA%B4%80%EA%B3%84(검색일: 2019. 10. 28)

실무노동 용어사전 https://terms.naver.com/entry.nhn?docId=2209607&cid=51088&categoryId=51088(검색일: 2020. 2. 21)

행정학사전 https://terms.naver.com/entry.nhn?docId=77556&cid=42155&categoryId=42155(검색일: 2020. 2. 21)

HRD 용어사전(한국기업교육학회, 2010. 9. 6) https://terms.naver.com/entry.nhn?docId=2178571&cid=51072&categoryId=51072(검색일: 2019. 7. 15)

표준국어사전 https://ko.dict.naver.com/#/search?query=%EC%A0%84%EB%AC%B8%EC%9D%B8%EB%A0%A5&range=all(검색일: 2019. 7. 12)

실무노동 용어사전(중앙경제, 2014) https://terms.naver.com/entry.nhn?docId=2210331&cid=51088&categoryId=51088(검색일: 2019. 7. 27)

우리말샘 https://ko.dict.naver.com/#/search?query=%EC%A0%84%EB%AC%B8%EC%9D%B8%EB%A0%A5&range=all(검색일: 2019. 7. 12)

두산백과(doopedia) https://terms.naver.com/entry.nhn?docId=1140838&cid=40942&categoryId=31645(검색일: 2019. 7. 25)

행정학 사전(서울: 대영문화사, 2009) https://terms.naver.com/entry.nhn?docId=77685&

cid=42155&categoryId=42155(검색일: 2019. 7. 26)

위키백과 https://ko.wikipedia.org/wiki/%EC%A3%BC%ED%95%9C_%EB%AF%B8%EA%B5%B0_%EA%B5%B0%EC%82%AC%EA%B3%A0%EB%AC%B8%EB%8B%A8(검색일: 2020. 2. 22.)

시사상식사전 https://terms.naver.com/entry.nhn?docId=929191&cid=43667&categoryId=43667(검색일: 2019. 11. 4)

위키백과 https://ko.wikipedia.org/wiki/합동성(검색일: 2019. 11. 4)

행정안전부 국가기록원 기록물 생산기관 변천정보. http://theme.archives.go.kr/next/organ/viewDetailInfo.do?code=OG0036558&isProvince=&mapInfo=mapno1(검색일: 2020. 1. 20)

6. 영어 단행본 및 논문

David A. Deptula. *Effects-Based Operations: Change in the Nature of Warfare*. Aerospace Education Foundation: 2001.

David Jordan 외. 『현대전의 이해』. 강창부 역. 서울: 한울아카데미, 2019.

Gordon Nathaniel Lederman. 『합동성 강화 美 국방개혁의 역사』. 김동기·권영근 역. 서울: 연경문화사, 2007.

Harold R. Winton. "Ike Skelton, 1931-2013: Champion of Military Education." *Joint Force Quarterly 73*. 2nd Quarter, April 2014.

Harry B. Yoshpe & Stanley L. Falk. *Organization for National Security*. Washington, D.C.: Industrial College of the Armed Forces, 1963.

JCS. CJCS *Vision for Joint Officer Development*, Washington D.C: JCS, 2012.

______. Joint *Education White Paper*. Washington D.C: JCS, 2012.

Joint Chiefs of Staff. *The Joint Doctrine Encyclopedia*. Washington D.C: Department of Defense, 2002.

Joseph S. Nye Jr. 『국제분쟁의 역사』. 양준희 역. 서울: 한울, 2000.

Lawrence Freedman. 『전략의 역사』. 이경식 역. 서울: 비즈니스 북스, 2014.

Malcolm Gladwell. 『다윗과 골리앗』. 선대인 역. 서울: 21세기북스, 2014.

Michael Hill. *The Policy Process in the Modern State*. Third Edition Prentice hall, 1997.

Michael Pillsbury. 『백년의 마라톤』. 한정은 역. 서울: 영림카디널, 2016.

NDU JFSC. *Joint Advanced Warfighting School (JAWS): Student Handbook Academic*

Year 2017-2018. D.C.: NDU JFSC, 2017.

_____. *The Joint Staff Officer's Guide*. Washington, D.C.: NDU JFSC, 2018.

Office of the Deputy Under Secretary of DefenseMPP). *Joint Officer Management: Joint Qualification System(JQS)-101*. Office of the Secretary of Defense, 2007.

Scientific American. 『미래의 전쟁』. 이동훈 역. 서울: 한림출판사, 2017.

Thomas J, Statler. "A Profession of Arms? Conflicting Views and the Lack of Virtue Ethics in Professional Military Education." *Joint Force Quarterly 94*. 3rd Quarter 2019.

U. S. Department of Defense. *Department of Defense Strategic Plan for Joint Officer Management and Joint Professional Military Education*. Washington D.C: Department of Defense, 2008.

_____. *DOD Joint Officer Management(JOM) Program*. Washington D.C: Department of Defense, 2018.

U. S. Joint Chief of Staff. *CJCSI 1800.01E: Officer Professional Military Education Policy*. Washington D.C.: U. S. Joint Chief of Staff, 2015.

7. 영어 인터넷 검색자료

DOD. https://terms.naver.com/entry.nhn?docId=3475651&cid=58439&categoryId=58439(검색일: 2019. 8. 15)

Goldwater-Nichols Department of Defense Reorganization Act of 1986. https://en.wikipedia.org/wiki/Goldwater%E2%80%93Nichols_Act(검색일: 2019. 8. 15)

NDAA '07. § 516. https://www.govinfo.gov/content/pkg/PLAW-109publ364/html/PLAW-109publ364.htm(검색일: 2020. 2. 28)

PUBLIC LAW 99-433-OCT. 1. 1986 GOLDWATER-NICHOLS DEPARTMENT OF DEFENSE REORGANIZATION ACT OF 1986. http://search.naver.com/search.naver?sm=top_hty&fbm=1&ie=utf8&query=Goldwater-Nichols+Act&url=https%3A%2F%2Fhistory.defense.gov%2FPortals%2F70%2FDocuments%2Fdod_reforms%2FGoldwater-NicholsDoDReordAct1986.pdf&ucs=U1v5yYRH1zoy(검색일: 2019. 8. 15)

UK Military Officer Career Development Programmes. https://bootcampmilitaryfitnessinstitute.com/military-training/armed-forces-of-the-united-kingdom/uk-military-officer-career-development-programmes/(검색일: 2019. 9.13)

US Code Title 10. https://www.law.cornell.edu/uscode/text/10/2152(검색일: 2019. 8.

18)

10 U.S. Code § 661.Management policies for joint qualified officers. https://www.law.cornell.edu/uscode/text/10/661(검색일: 2019. 8. 20)

찾아보기